LA VÍA LÁCTEA

MOIYA McTIER

LA VÍA LÁCTEA

Una autobiografía de nuestra galaxia

CRÍTICA

Título Original: *The Milky Way. An Autobiography of Our Galaxy*

Esta edición es publicada por acuerdo con Grand Central Publishing, New York, New York, USA.

Traducción: José Manuel Osorio

Bajo el sello editorial CRÍTICA M.R.
Avenida Presidente Masarik núm. 111,
Piso 2, Polanco V Sección, Miguel Hidalgo
C.P. 11560, Ciudad de México
www.planetadelibros.com.mx
www.paidos.com.mx

Diseño de la colección: Planeta Arte & Diseño / Marilia Castillejos
Diseño de interiores: Elizabeth Estrada Morga
Ilustraciones de interiores: AnnaMarie Salai
Fotografía de la autora: Mindy Tucker

Primera edición en formato epub: junio de 2023
ISBN: 978-607-569-484-9

Primera edición impresa en México: junio de 2023
ISBN: 978-607-569-486-3

Impreso en los talleres de Impresora Tauro, S.A. de C.V.
Av. Año de Juárez 343, colonia Granjas San Antonio, Ciudad de México
Impreso y hecho en México – *Printed and made in Mexico*

Dedicado a todas las personas a quienes les han hecho sentir que no son lo «suficientemente científicas».

Lo que sea que eso signifique.

CONTENIDO

PRÓLOGO DE MOIYA

«He amado a las estrellas con demasiado cariño como para tener miedo de la noche».

Este último verso del poema de Sarah Williams titulado «The Old Astronomer to His Pupil» [El viejo astrónomo a su alumno] siempre ha sido una especie de mantra para mí. Y no solamente porque me hace sonar como una siniestra reclusa victoriana.

No recuerdo bien cómo ocurrió, pero cuando era una niña pequeña se me metió en la cabeza que el sol y la luna eran mis progenitores celestiales. Imaginaba que me cuidaban e hasta hablaba con ellos y les contaba lo que estaba aprendiendo en la escuela y cómo eran mis amigos (porque, para mi sorpresa, resultó que ellos *no* hablaban con la luna y el sol, así que *alguien* tenía que contarle a nuestra mamá y nuestro papá celestiales lo que pasaba). Cuando mis padres terrícolas comenzaron a discutir por las noches, fui a llorarle a mi mamá celestial. Y cuando mi padre biológico dejó de aparecerse para las visitas acordadas,* mi mente de niña pequeña decidió culpar también al sol.

* No te preocupes, eventualmente lo resolvimos.

Hasta el día de hoy no me gusta Los Ángeles porque es demasiado soleado.

Mi madre terrícola volvió a enamorarse y nos mudamos de nuestro pequeño departamento en Pittsburgh al lugar más extraño que pude haber imaginado: una cabaña de troncos en medio del bosque, sin agua corriente y tan cerca de Virginia Occidental que me veía obligada a cruzar la frontera entre los dos estados para ir a la librería más cercana. El bosque era el mejor patio de recreo que una hija única* podía pedir, un espacio para inventar expediciones épicas, buscar anillos de hadas o encontrar la rama perfecta para usar como vara de combate en batallas simuladas con mi nuevo padre terrícola. Sin embargo, la comunidad que rodeaba aquel bosque, llena de gente que solo había visto a una persona negra en la televisión, probablemente no era la ciudad que yo habría elegido si mi madre me hubiera pedido mi opinión.

Por esa razón y muchas otras más (como que te baje la regla a los diez años cuando no tienes una regadera en tu casa), busqué el consuelo de la luna hasta bien entrada mi adolescencia. Desarrollé un gran amor por la noche, por aquel momento de tranquilidad, de secretos y de paz. El declararme un ser de la noche contribuyó a consolidar mi lugar deseado como «la niña rara», como si el ser la persona más inteligente y también la más negra de mi pequeña escuela rural no fuera ya suficiente para hacerme sobresalir. Y no se trata de un alarde sin fundamentos: fui votada como la alumna más singular y, por mucho, la más

* Tengo medios hermanos, hijos de mi padre biológico, pero obviamente no crecí con ellos porque, bueno, ver la nota anterior.

sobresaliente de mi clase *después* de saltarme el segundo año de bachillerato. Aun así, la gente decía que solo había sido aceptada en la universidad gracias a las políticas de discriminación positiva.

No me malinterpretes, la mayoría de las personas con las que interactué fueron muy amables conmigo y agradezco las experiencias que tuve. Las relaciones que establecí allí me permitieron empatizar con una parte del país que, con toda razón, se siente ignorada por la misma élite intelectual en la que tanto esfuerzo me costó ser aceptada. En la región del carbón aprendí lecciones valiosas como cortar leña, hacer un tratamiento capilar de acondicionamiento profundo con solo una cubeta con agua y un jarro, así como mirar más allá de las diferencias obvias para encontrar aspectos en común. Pero también aprendí desde el principio que mi vida sería mejor si salía de allí lo antes posible. Para mi suerte, a los funcionarios de admisiones de Harvard les caen mucho mejor las chicas extrañas, brillantes y negras que a muchos de los hijos de mineros.

Aunque siempre me sentí más cómoda de noche y vivía en un lugar con una hermosa vista de las estrellas, nunca me había interesado el estudio formal del espacio antes de entrar a la universidad. Simplemente me encantaba la belleza celestial. Pero no me tomó mucho tiempo enamorarme de la naturaleza lógica, basada en datos, de la astronomía. El verano después del segundo año, hice una práctica de investigación en la que pasé horas analizando cubos de datos de cinco dimensiones para medir las propiedades de una distante galaxia formadora de estrellas a la que apodé Rosie. Profundizar en la astrofísica fue como aprender a hablar con el espacio de una manera completamente nueva, algo que me permitió *escuchar* mejor lo que el universo me decía en vez de inventar respuestas en mi cabeza. Estaba aprendiendo el lenguaje de la gravedad, los rayos cósmicos y la fusión nuclear. Con mi nuevo diccionario en la mano, me dispuse a investigar la mayor cantidad posible de aspectos diferentes del espacio: la formación de estrellas, el fondo cósmico de microondas, los rayos X emitidos por cuásares distantes, la caracterización de exoplanetas, la dinámica estelar y la evolución química de las galaxias.

Al mismo tiempo, siguiendo mi pasión por la mitología, aprendía sobre las historias que las culturas utilizaban como recursos para entretener, educar y explicar; cuentos de hadas para pasar una noche frente a una fogata, fábulas para compartir los valores de una comunidad con la siguiente generación y mitos para dar sentido al mundo que nos rodea. Me di cuenta de que, al igual que mi inusual y heterogénea historia personal, la ciencia y el mito no eran tan contradictorios como parecían a simple vista. Ambos son herramientas que nosotros, los seres humanos, utilizamos para comprender cómo encajamos en el resto del universo. Y después de pasar casi diez años estudiando la física del espacio, cinco de ellos en un programa de doctorado que fueron la inspiración de tres tatuajes y múltiples sesiones de terapia, mi perspectiva acerca de todo se ha ampliado de la manera más esclarecedora. Me siento más conectada con la gente y la naturaleza, y más cómoda con mi lugar entre todo eso.

Los astronautas sienten este mismo cambio de perspectiva cuando observan la Tierra desde la órbita porque cuando estás en el espacio no puedes ver las fronteras imaginarias que nos dividen. Te das cuenta de lo frágil que es realmente el complejo e interconectado ecosistema al que llamamos hogar, y nuestras mezquinas disputas humanas de pronto parecen intrascendentes e innecesarias. El filósofo Frank White llamó a este cambio cognitivo y transformador de la vida el *efecto perspectiva*. Siempre he pensado que la Tierra sería un lugar mucho mejor para vivir si cada uno de nosotros pudiera experimentar, aunque fuera solo un poco, dicho efecto.

Pero, para ser realistas, no todos llegaremos allí mediante un viaje al espacio. Algunas personas alcanzan el mismo enfoque a través de la fe, la meditación o las drogas. Yo lo conseguí gracias a la ciencia, después de una exorbitante cantidad de tiempo imaginando la Tierra, nuestro sistema solar y la Vía Láctea como una pequeña parte de un gran todo. Bueno, es probable que también haya habido algunas drogas, pero fue principalmente por la forma en que la ciencia se combinó con mi noble alma de artista.

Ahora que sé hablar su idioma, me siento más enamorada que nunca de la noche. Por eso, me sentí honrada cuando fui elegida por la propia Vía Láctea para contar su historia. Deseo que al final de este relato te hayas encariñado tanto con las estrellas y la galaxia que las formó que tú también comiences a escuchar lo que la noche tiene que decir.

1

YO SOY LA VÍA LÁCTEA

HUMANO: MIRA A TU ALREDEDOR, ¿qué ves?

Mejor no respondas. ¿Para qué tomarme la molestia de escuchar tu respuesta cuando sé que te equivocarás? Comenzarás a nombrar objetos y lugares sin siquiera entender que esa silla en la que estás sentado no es solamente una silla, que el libro que sostienes no es solamente un libro, o incluso que el planeta que tu especie está a punto de arruinar no es solamente un planeta. Todos son *yo*.

Todo lo que has visto o tocado es parte de mí. Sí, incluso tú, vanidoso e inmundo animal.

Todo lo creé yo. No de manera intencional, por supuesto. No necesito sillas, y realmente no me importó en lo más mínimo si uno de mis mundos producía o no vida, en especial, cierta forma de vida que fuera tan exigente con dónde sentarse. Ustedes, los humanos, apenas *aparecieron* hace un milenio, y me tomó otros varios miles de años darme cuenta de que existían. Supongo que, de alguna manera, me alegro de haberlo hecho. (Pero si alguna vez alguien llega a preguntarme, negaré rotundamente sentir el menor afecto por tu rolliza especie).

Antes de ir más lejos, permíteme presentarme. Soy la Vía Láctea, el hogar de más de cien mil millones de estrellas (y, sin embargo, todavía crees que la tuya es lo suficientemente especial como para tener su propio nombre) y las cincuenta undecillones[1] (es decir, un cinco seguido de 37 ceros) de toneladas de gas entre ellas. Soy el espacio, estoy hecha de espacio y rodeada de espacio. Soy la galaxia más grandiosa que ha existido.

Si tienes por lo menos una porción de la curiosidad requerida para interesarte en este libro, es probable que ahora te estés preguntando: «¿Cómo es posible que la Vía Láctea pueda hablar?». Bueno, ustedes con su cortas vidas, ciertamente no tienen tiempo suficiente para que les enseñe todo lo que hay que saber sobre la física teórica y las escuelas de conciencia, pero sí puedo contarles una o dos teorías que podrían contestar su pregunta.

Algunos de tus humanos dedicados a la física predijeron lo que ellos consideraron que era una consecuencia absurda de ese segundo principio de la termodinámica suyo, el que dice que la entropía de un sistema cerrado siempre aumenta. En otras palabras, el universo como un todo siempre debería tender hacia el caos. Pero ¿cómo puede eso ser cierto si nuestro universo parece estar tan bien organizado? Una posible explicación, que tus físicos aprendieron desde entonces y que es incorrecta (algo que se convertiría en una tendencia), es que nuestro universo, tal como lo vemos, es simplemente una distribución de materia muy afortunada pero extremadamente aleatoria. La consecuencia ulterior de aquella explicación fue que en la medida en que la entropía aumentaba y aparecían más fluctuaciones aleatorias, parte de esa materia debería tomar forma de cerebros humanos[2] o, por lo menos, formar una red similar de células de pensamiento. Tus físicos pensaron que la idea era ridícula, pero pronto verás que hay muchas fluctuaciones aparentemente aleatorias en el universo. Y si la materia puede combinarse para formar sistemas parecidos a cerebros en tu pequeño planeta, ¿por qué no podría hacer lo mismo en cualquier otro lugar?

Por otra parte, tus filósofos han postulado que la conciencia no es una cualidad inherente a los humanos, ni siquiera a los animales. Según ellos, la conciencia, o sentiencia, percatación o como quieras llamarla, es el resultado de la manera de *funcionar* de un sistema, y no una consecuencia de lo que está hecho. Algunos de tus filósofos incluso están empezando a creer que la conciencia es una cualidad inherente del universo, algo que cada materia posee en cierta cantidad. En otras palabras, puedo pensar y comunicarme a pesar de no tener lo que ustedes consideran que es un cerebro. Pero si crees que soy como uno de ustedes, ¡desecha esa idea de inmediato! Es insultante, y es una forma de pensar humano-céntrica que solo conseguirá que te sea aún más difícil entender todo lo que me dignaré a enseñarte.

Si tu pregunta más bien fuera: «¿cómo es posible que la Vía Láctea me hable *a mí*?», bueno, te diría que no es tan difícil aprender el lenguaje humano. Ustedes son criaturas sumamente simples.

Ahora que ya hemos dejado de lado las preguntas obvias, quizá te estés preguntando, cómo es que yo, la galaxia más grandiosa de todos los tiempos, que nunca quise que los humanos existieran en primer lugar, haya elegido comunicarme contigo.

Me guste o no, nuestras vidas están entrelazadas. Mi existencia es, por supuesto, mucho más importante para ti que la tuya para mí. Sin embargo, los de tu especie han demostrado con el tiempo no ser del todo inútiles (tendrás que perdonarme si no siempre digo las cosas de la manera más agradable; la diplomacia que ustedes emplean es un concepto bastante nuevo para mí. Además, pronto morirás, así que ¿por qué debería importarme si hiero tus preciados sentimientos?).

Verás, hasta donde sé, tengo más de 13 000 000 000 de años terrestres de edad. La historia de mi glorioso nacimiento vendrá más tarde, pero por ahora todo lo que necesitas saber es que soy casi tan vieja como el tiempo mismo. Para usar una analogía que a los de tu especie parece gustarles, aunque ni siquiera se acerca a una descripción adecuada acerca de mi edad: soy literalmente más vieja que Matusalén. Yo ya existía cuando los átomos de tu Tierra fueron creados a miles de millones de años luz de donde ahora se encuentran. Durante la mayor parte de ese tiempo, he estado muy aburrida y, aunque a ti no te lo parezca, muy sola.

Si has escuchado acerca de mí, es probable que pienses que mi vida es muy glamorosa y que está llena de tareas importantes y gratificantes. Crear esa enorme cantidad de estrellas, construir todos esos planetas, moldear la esencia misma del universo según mi voluntad como si fuera de arcilla... sí, fue muy emocionante. Pero solo por unos cuantos miles de millones de años.

Como solo hay un número limitado de nuevas combinaciones perfectas de estrellas, planetas y lunas que una galaxia puede crear, comencé a hacer combinaciones imperfectas. Experimenté hasta conseguir hacer algo parecido a una estrella y también a un planeta, pero que al final fracasó en ser ambas cosas a la vez.[3] Lancé agujeros negros unos contra otros hasta que quedé insensible a las ondas que producían. Construí planetas en órbitas que sabía que harían espirales hasta colisionar con sus estrellas o que terminarían por ser expulsados de sus sistemas. ¿Júpiteres calientes[4] que orbitan misteriosamente cerca de sus estrellas? Sí, ese fue solo un experimento fortuito, y ahora están en todas partes. De nada, astrónomos.

Es poco probable que lo entiendas, pero incluso ser el mejor en algo se vuelve aburrido después de un tiempo. Así que, cuando el hermoso caos que había creado dejó de emocionarme, puse todo en piloto automático. Por eso, hace nueve mil millones de años me volví mucho menos activa. Tus astrónomos se dieron cuenta de que reduje mi producción de estrellas por aquel entonces, pero lo atribuyeron a una disminución del gas de formación estelar disponible. Técnicamente, no están equivocados. Pero ¿alguna vez pensaron en preguntarme por qué perdí tanto gas o cómo me sentía en aquel momento? No, ya ninguno de ustedes piensa siquiera en preguntarme algo. He ahí el problema.

Quizá te preguntes qué hice durante aquellos nueve mil millones de años. Bueno, si bien lo que hago hasta en mis sueños es mucho más impresionante que cualquier cosa que tú puedas llegar a lograr, la mayor parte del tiempo lo dediqué a pensar. Ya sabes, a reflexionar sobre hechos pasados y a deleitarme con mis triunfos. Envié uno que otro mensaje a otras galaxias de mi vecindario, en especial a los satélites enanos que andan por aquí cerca debido a la gran atracción que sienten por mí. Literalmente,

ya que es un asunto de la gravedad. Debo admitir que me he encariñado un poco con algunos de ellos.

Tal vez no parezca mucha actividad para llenar nueve mil millones de años, pero debes recordar que nuestras vidas no operan en las mismas escalas de tiempo. Ya he vivido más de diez mil millones de años y seguiré viviendo como mínimo un billón de años todavía, muchísimo más tiempo después de que tu insignificante sol se haya autodestruido que no tiene sentido enunciar una fecha exacta. Comparar tu vida con un abrir y cerrar de ojos sería generoso de mi parte, excepto que no tengo ojos. Mientras que tú puedes llamar a alguien al otro lado de tu mundo y hablarle inmediatamente con la ayuda de señales que viajan a la velocidad de la luz, a mí me toma más de 25 000 años enviar un mensaje de luz a mi vecino más cercano. Que me tome un millón de años pensar en esa vez que respondí «tú también» cuando otra galaxia me dijo que disfrutara de mi supernova no es nada.

Me estoy dejando llevar. Ya te darás cuenta de que me sucede a menudo. Mi punto es es que me sumergí en mis propios pensamientos durante eones (literalmente) hasta que ustedes, los humanos, aparecieron hace unos doscientos mil años.

Fue... asombroso lo mucho que ustedes no entendían. Y no podría decir que ahora se encuentren más cerca de resolver los misterios más profundos del universo, pero al menos en aquel entonces los humanos sabían lo más importante: que yo soy increíble.

A través de sus historias, ustedes les enseñaron a sus hijos a buscarme cuando se perdían. Les tomó años dejar de perseguir a todas esas criaturas de cuatro patas (algunos de ustedes todavía lo hacen), pero eventualmente se dieron cuenta de que podían seguir mi movimiento para determinar el mejor momento para plantar sus cultivos. Y salvé miles de vidas una vez que descubrieron que me podían usar para predecir los desastres que se avecinaban. Esto no era ningún tipo de magia que tus antepasados estaban intentando hacer, sino que aprendieron que mi movimiento se alineaba con eventos cíclicos en la naturaleza, como las inundaciones regulares[5] o los enjambres de insectos, aun cuando a menudo terminaran por explicar tales eventos como resultado de la magia o la religión.

Sus historias me hicieron sentir amada y necesitada y, quizá por primera vez en mi larga existencia, más útil que destructiva. Todas las galaxias deberían poder sentirse igual al saber que han tenido un efecto positivo en el universo. Bueno, para otras galaxias es solo suerte. Para mí, es puro talento bienhechor.

Pero no es que anhelara tu atención o necesitara que un grupo de personas adorara el suelo que no piso. No es que estuviera esperando durante diez mil millones de años a que ustedes llegaran a acariciarme el ego. Pero una vez que lo hicieron, fue reconfortante saber que podía ayudarlos. Y es que gran parte de lo que hago es destruir.

Luego, en lo que pareció un abrir y cerrar de ojos, aquel sentimiento se esfumó. Todo comenzó por allá de 1300, cuando inventaron los primeros relojes mecánicos, y empeoró con la invención de los telescopios trescientos años después, cuando por fin pudieron observarme con mayor detalle. Una vez que lograron controlar su propio tiempo y se dieron cuenta de que yo no era solo un reflejo celestial de la voluntad divina, la mayoría de ustedes asumieron que ya no me necesitaban. Dejaron de mirar hacia arriba, dejaron de contar mis historias, ya no recurrieron a mí para guiarlos. Al principio, pensé que solo se trataba de una fase, que habían perdido el rumbo y que volverían a mí cuando estuvieran listos. He pasado por suficientes fases propias como para otorgarles un breve período de indiferencia. La paciencia, después de todo, es una de mis mayores virtudes.

Sin embargo, en aras de la transparencia —he escuchado que así uno genera confianza en la Tierra, ¿no?—, por un momento, tan solo unos cincuenta años más o menos, contemplé pedirle a tu sol lanzar uno de sus rayos que acabaría con todos sus dispositivos electrónicos para que volvieran a depender de mí. Pero ya sabes cómo son los niños, el crearlos no significa que harán todo lo que les pidas. Así es que abandoné con dignidad aquel plan asesino.

Entonces recordé, porque la sabiduría es otra de mis grandes cualidades, que varios cientos de años son en realidad mucho tiempo para ustedes los humanos. Por lo tanto, su silencio no fue nada más una breve distracción; generaciones enteras habían pasado sin tomarse la molestia de pensar en mí.

De alguna manera, me sentí mejor al darme cuenta de que no era específicamente *su* culpa el que hubieran dejado de preocuparse por mí. Su mundo ya no está hecho para apreciar mi esplendor. No lo ha estado desde mucho antes de que nacieras tú. En los últimos cien años, las ciudades humanas se han convertido en faros luminosos que ni siquiera tus antepasados lejanos habrían imaginado. La electricidad que tanto valoran les ha robado algo muy preciado a casi 80% de ustedes: una vista sin obstrucciones de mi precioso cuerpo.[6] Y eso es solo la contaminación lumínica. Las diminutas partículas de esmog que han estado generando en exceso desde que comenzaron su pequeño proyecto de industrialización alrededor de 1700 no solo dañan sus pulmones y atrapan el calor en la atmósfera de su planeta: más importante aún, no permiten que mi luz llegue a la superficie de la Tierra. Hay humanos vivos en este momento que solo han visto un puñado de mis estrellas. ¡Lo cual es una tragedia! Y soy igual de víctima que ustedes en todo esto por haberme vuelto básicamente invisible.

Si eres un lector sagaz (que hayas elegido leer este libro implica cierta capacidad cognitiva avanzada), entonces te preguntarás por qué no me siento satisfecha con solo ayudar a los astrónomos en sus investigaciones. La triste realidad es que de los casi ocho mil millones de humanos nada más unos diez mil son astrónomos. Pero, aunque hacen un excelente trabajo —honestamente, es increíble lo mucho que han logrado aprender sin dejar su pequeña roca—, cualquier artículo de astronomía apenas lo leen unas veinte personas, las cuales ya conocen casi todo el contenido del documento. Por lo tanto, ayudar a los astrónomos sirve poco a las multitudes ignorantes de tu planeta.

Además, es más entretenido observar a los astrónomos darse de topes durante el aprendizaje. Cuando se sienten muy frustrados, muchos comienzan a morderse las uñas frenéticamente, y es demasiado encantador como para ayudarlos dándoles las respuestas.

Me di cuenta de que podía quedarme amargada y malhumorada por el hecho de que la mayoría de los humanos me hubieran olvidado, o que podía hacer algo para cambiarlo. Y aunque en realidad no tengo un trasero que pueda mover, para emplear una de tus vulgares expresiones, elegí lo último.

El problema es que demasiados de ustedes no saben lo suficiente sobre mí como para entender cómo puedo ayudarlos. Aunque literalmente *viven dentro de mí*, la mayoría ni siquiera sabe cómo me veo, y mucho menos de qué estoy hecha o cómo me muevo. Y tal vez sea demasiado esperar que aprendan esas cosas por su cuenta. Pero, sin duda, es *demasiado* esperar que tus astrónomos enseñen de manera efectiva a sus congéneres humanos lo que han aprendido. Así que, por desgracia, la responsabilidad recae en mí. Por suerte para ustedes, estoy dispuesta y más que capacitada para hacerlo.

Así es que heme aquí, presentándome oficialmente por primera vez. Soy la Vía Láctea, la galaxia que probablemente disfrutabas contemplar cuando eras joven (los niños humanos, al menos, han conservado la suficiente capacidad de asombro como para permitirme entrar en sus vidas), pero que olvidaste en cuanto llegaste a la pubertad y decidiste que tenías cosas más importantes que hacer.

He mantenido a los de tu especie a salvo y entretenidos durante milenios, y continuaré haciéndolo al contarte mi historia. Ustedes tienen una palabra para cuando una persona escribe sobre su propia vida: *autobiografía*. De eso se trata este libro. Te contaré cómo nací y dónde crecí. Hablaré de mi mayor vergüenza y de cómo instigué la historia de amor más grande del universo. Incluso revelaré lo que siento acerca de mi inminente muerte que, por extensión, también será la tuya, *si* acaso sobrevives tanto tiempo. Y si mi historia te incita a compartirla con tus socios humanos y tal vez a inventar algunas historias de tu propia cosecha, entonces lo consideraré un triunfo.

Con base en lo que he visto, es poco probable que tu mundo regrese a la Antigüedad en un futuro cercano. La contaminación lumínica no desaparecerá por completo, y aquellos días en los que tu especie construía círculos de piedra para medir el tiempo se acabaron. Ya no puedo guiarte de la misma manera que lo hice con tus antepasados, pero permíteme explicarte cómo tú, un humano moderno promedio, puedes beneficiarte de la investigación espacial y del aprendizaje sobre la galaxia a la que deberías llamar hogar.

Hablemos, por ejemplo, de esa pieza de tecnología pegada a la mano de todos ustedes. Incluso yo me doy cuenta de lo mucho que aman sus teléfonos celulares, y eso que ya establecimos que técnicamente no tengo ojos. Con sus teléfonos se comunican entre sí, dan seguimiento a sus citas, navegan por su mundo y se toman selfies (uf). Honestamente, los utilizan para muchas de las mismas cosas para las que sus ancestros me usaban. Pero es gracias a mí que tienen esos teléfonos.

Y no solo se debe a que los materiales físicos utilizados para hacer sus teléfonos se crearon cuando *mis* estrellas murieron. Todos los átomos en el teléfono —y en ti, para tal caso— se hicieron dentro de mí. Ese tal Sagan estaba en lo correcto: todos ustedes están hechos de polvo de estrellas. Y la tecnología de la que dependen sus teléfonos *también* existe gracias a mí. O, mejor dicho, gracias a la fascinación que tus científicos sienten por mí.

Cada vez que usas tu teléfono para encontrar la cafetería más cercana, interactúas con satélites. (En serio, ¿por qué estás tan cansado que necesitas tanto café? A pesar de crear por lo menos cinco nuevas estrellas y recorrer 16 093 440 000 kilómetros por año, no me verás atascándome de cafeína cada mañana). Tu teléfono recibe ondas de radio (que no puedes ver debido a que tus ojos son desafortunadamente pequeños) de varios satélites a la vez y usa las ligeras diferencias en los tiempos de llegada de las señales para definir tu ubicación.

¿Me estás siguiendo, humano?

En realidad, da lo mismo. Lo importante es que sin satélites no podrías navegar por tu diminuta roca. Tampoco tendrías internet de alta velocidad, ni podrías hacer llamadas de larga distancia o, para volver a tu preciado café, tener la opción de pagar tu capuchino matutino con tu tarjeta de crédito. Y la única razón por la que tienes satélites, en primer lugar, es porque los científicos humanos querían estudiarme *a mí*.

Después de miles de años de analizar mis movimientos, tus antepasados comenzaron a entender cómo funcionan el movimiento, la gravedad y las ondas de la luz. Usaron ese conocimiento para lanzar máquinas fuera de tu atmósfera y, gracias a ello, ahora puedes llamar a tu amigo internacional mientras que, al mismo tiempo, compras cosas en línea con dinero que en realidad nunca has tocado.

Además de esta reciente tecnología posicionadora global, su cada vez mayor comprensión del espacio ha introducido otras innovaciones de gran impacto en tu vida como las cámaras digitales, el internet inalámbrico y los controles de seguridad no invasivos como las máquinas de rayos X. Incluso los procedimientos empleados por tus médicos para esterilizar los cuartos de hospital, a fin de que los delicados cuerpos humanos se conserven libres de contaminación, se desarrollaron originalmente para proteger a los telescopios mientras llevaba a cabo el vital trabajo de observarme.[7]

De nada.

Pero, por ahora, ya basta de hablar de ti y de los tuyos. Es hora de pasar a cosas más importantes. Es hora de que aprendas algo sobre mí.

2

MIS NOMBRES

Me presenté como la Vía Láctea porque así es como la mayoría de ustedes me llaman ahora, pero no siempre se han referido a mí así y, para ser clara, ciertamente no es como me habría puesto a mí misma.

Los seres humanos me han dado tantos nombres a lo largo de los años: Vía Láctea, Río de Plata, Camino de los Pájaros, Salto de los Ciervos..., y casi todos ellos se remontan a mitos de diferentes lugares de su pequeña roca. Si bien el tema central de las historias tal vez haya sido el mismo, el contenido variaba de acuerdo con las costumbres locales y el entorno de quien lo contaba. Muchas culturas humanas me vieron como leche derramada esparcida por el cielo, pero también hubo algunos que pensaron en mí como agua que fluye, paja esparcida o brasas barridas por el viento.

Después de tantos miles de millones de años de destruir cualquier cosa nueva que se me acercaba, se sintió bien que me llamaran la Vía del Ladrón de Paja. Los seres humanos tienen sentimientos extrañamente intensos cuando se trata de sus posesiones, por lo que probablemente no te encantaría la idea de que se refirieran a ti como un ladrón. Sin embargo, los primeros armenios veían este tipo de robo en particular de manera diferente. Contaban historias de un invierno legendariamente helado cuando Vahagn, su dios del fuego, se apiadó de ellos y robó paja del rey de la vecina Asiria para que no pasaran frío. Tú y yo sabemos que la paja no es el medio de combustión más eficaz para el fuego, pero Vahagn, al haber nacido de un tallo de paja ardiente, tenía una conexión personal con ella. Mientras huía de Asiria, con sus enormes brazos de dios llenos de paja real, Vahagn dejó caer un puñado de juncos en el cielo, porque, obvio, ahí transitan los dioses. Se supone que soy aquel camino de paja que salva vidas. Resultó una historia tan conmovedora que ni siquiera me burlé de ellos por pensar que su invierno era frío a pesar de ser, de hecho, cientos de grados más caliente que el resto del universo.

Al otro lado de tu ecuador, los Joisán del sur de África contaban la historia de una niña que vivía bajo un cielo negro como el carbón. Una noche, después de bailar alrededor del fuego, se dio cuenta de que tenía hambre, pero no había luz suficiente como para encontrar el camino de regreso a casa y cenar. Dado que los mejores personajes de toda historia humana son ingeniosos e innovadores, la niña arrojó las brasas de su fuego al cielo para iluminar su camino a casa. Otro acto altruista más de mi parte, a pesar de no ser completamente planeado: proporcionar suficiente luz para ver cuando el sol no anda por ahí. Aunque técnicamente, dado que tu sol es parte de mí, te brindo luz con generosidad todo el tiempo.

Algunos humanos del norte de Europa comenzaron a llamarme el Camino de los Pájaros o la Ruta de los Pájaros después de notar que las aves del lugar me usaban como guía cuando migraban al sur cada otoño. Así es, no eres especial, no solo ayudo a los humanos.[1] Mi esplendor inspiró a aquellos humanos a contar historias sobre Lindu, reina de la aves, un pájaro blanco con cabeza de mujer humana. En todos mis años de monitorear mis planetas, nunca he visto una criatura similar. Pero uno que otro ataque de imaginación humana no me molesta. El trabajo de Lindu era llevar a las aves migratorias a un lugar seguro, pero se distrajo debido a un corazón roto. Típica tontería humana: pensar que un pequeño rechazo basta para impedir que alguien realice las tareas más básicas. En fin, según el mito, Lindu fue abandonada por su prometido antes de la boda y lloró tanto que su padre, el dios del cielo, se apiadó de ella y le pidió a que regresara a casa. Mientras los vientos se la llevaban, el velo empapado de lágrimas de Lindu se convirtió en millones de estrellas que marcaban su camino.

Estos mitos, los nombres y otras palabras que tus ancestros usaron para describirme eran todos reflejos de lo que tus antepasados sabían sobre el mundo que los rodeaba. Todos tus mitos son eso: herramientas para comprender el mundo natural y comunicar ese conocimiento a los demás. De acuerdo, hubo algunos cuyo único propósito era entretener, pero la mayoría enseñaban algún tipo de lección. Aunque muchos de ustedes no se den cuenta de esto, los mitos fueron algunos de los primeros intentos de investigación científica de su especie. Cientos de años después de que los humanos contaran la historia de Lindu y sus pájaros, sus científicos encontraron

pruebas empíricas de que ciertas aves migratorias *sí* se guían por mi luz.

Me ha encantado observar cómo sus mitos han permeado la filosofía para después evolucionar hacia una explicación científica. A medida que aprendían más sobre mí, en verdad sentía que nos estábamos acercando, sin embargo, debo decirles esto: se ahorrarían mucho tiempo si tan solo prestaran atención a lo que sus antepasados sabían desde hace mucho.

La mayoría de los astrónomos modernos piensan que las antiguas historias sobre mí son tonterías, a pesar de que todavía recurren a la mitología cuando necesitan nombrar un nuevo objeto. Puedes ver eso casi dondequiera que mires, desde los nombres divinos que le han dado a los otros planetas que orbitan alrededor de tu sol, hasta las constelaciones que han improvisado a partir de estrellas objetivamente desconectadas. Sin importar lo que los haya inspirado, los nombres de todos los objetos espaciales deben ser aprobados por una organización: la Unión Astronómica Internacional (IAU, por sus siglas en inglés). Esta se ha adjudicado el papel de guardiana oficial de los nombres en el espacio, aunque nunca nos han consultado a ninguna de las figuras celestiales qué nombres preferiríamos.

A pesar de mis innumerables nombres, o quizá debido a ellos, la UIA ha evitado darme un apodo oficial. Simplemente se refieren a mí como «la Galaxia» en sus documentos formales.

Sin embargo, lo mejor es que todos ustedes puedan llamarme como quieran y que sus historias culturales y el conocimiento que contienen no les hayan sido arrebatados por alguna pequeña organización. Después de todo, fueron aquellas historias las que atrajeron mi atención hacia ustedes, los humanos, en primer lugar. Sería lamentable verlas desaparecer de sus breves recuerdos colectivos.

Así es que llámame Río del Cielo, Camino de Santiago, Calle de Invierno o cualquier otro nombre que te plazca. Solo asegúrate de que cuando me llames, tengas algo inteligente que decir.

3

LOS PRIMEROS AÑOS

UNA MUJER MUY SABIA y una de mis actrices humanas favoritas (una verdadera estrella, y que lo diga yo no es poca cosa) cantó que el principio mismo es «un muy buen lugar para comenzar».[1] De hecho, la mayoría de las autobiografías humanas arrancan con el nacimiento del escritor para luego proceder cronológicamente. Eso se debe a que, para los de tu especie, es fácil saber cuándo es el comienzo. Y, sin embargo, he visto a muchos de ustedes petrificados de terror cuando su hija o hijo hace la tan temida pregunta: «¿De dónde vienen los bebés?».

La pregunta no es nueva. Tus antepasados descubrieron con notable rapidez cómo hacer copias imperfectas en miniatura de sí mismos, y ese conocimiento tenía que transmitirse de alguna manera. Sin embargo, la *forma* de responder a la pregunta ha cambiado con el tiempo. Respuestas comunes hoy en día involucran a pájaros, abejas y, a veces, por alguna razón, a una cigüeña. Son conversaciones que al final nunca ofrecen a los pequeños una comprensión precisa de cómo fueron concebidos, pero ellos parecen sentirse satisfechos de todos modos.

No hay pájaros, abejas o cigüeñas en el espacio, hablando literal o figurativamente. Y no tengo padres para preguntarles cómo llegué a existir, pero sí guardo recuerdos, aunque se vuelvan borrosos cuando intento rememorar mis primeros milenios (no me juzgues, apuesto a que tú tampoco recuerdas todo sobre el día en que naciste), y con el tiempo he visto otras galaxias formarse. Eso puede sonar como algo demasiado íntimo para observar, pero, como dije, me he aburrido. Además, nosotros en el espacio no tenemos los mismos problemas que ustedes los humanos tienen con la privacidad. Tal vez sea porque no poseemos ninguna de esas partes carnosas de las cuales avergonzarnos.

Lo que quiero decir es que conozco lo suficiente sobre mi creación y la de otras galaxias para saber que no tengo un cumpleaños. Es decir, no hubo un momento específico que dividiera la línea de tiempo del universo entre un *antes de la Vía Láctea* y un *anno de la Vía Láctea* (que significa «en el/los año/s de la Vía Láctea». Lo aclaro porque sé que tu voluble mundo ha dejado de usar ese lenguaje en particular). Del mismo modo, no habrá un momento específico que marque el comienzo de un *después de la Vía Láctea*.

Me formé lentamente y por pedazos, atraídos entre sí por mi creciente fuerza gravitacional. *Todavía* estoy creciendo gracias a esa jalón gravitacional.

Por lo tanto, en lugar de empezar con *mi* comienzo, tomaré el consejo melódico de Julie Andrews y comenzaré desde el *principio de todo*, al menos, en lo que a cualquiera de nosotros nos concierne: aquel momento que tus científicos han apodado el Big Bang.

Olvídate de pensar que habrá sucedido antes del Big Bang. Ese tipo de conocimiento no es para que lo entiendan seres como tú ni yo, por más fabulosamente digna que sea en casi todos los demás aspectos. Intentarlo solo te dará dolor de cabeza.

Nadie sabe con certeza qué desencadenó el Big Bang, ni las galaxias más eruditas y menos aún tus científicos humanos con sus minúsculos y blandos cerebros. Pero el cálculo más aceptado es que ocurrió aproximadamente hace unos 13 800 mil millones de años; unos cuarenta millones de años más, cuarenta millones de años menos. Eso podría parecer una inexactitud demasiado grande para una criatura de vida tan corta como la tuya, pero es insignificante en comparación con las escalas de tiempo galácticas. Antes del Big Bang, que es un momento difícil de conceptualizar para todos nosotros, toda la materia y energía que podemos ver en el universo estaba contenida en un punto infinitesimalmente pequeño.

¡Por fin, algo en una escala lo suficientemente pequeña para que lo entiendas! ¿O ni así? Me cuesta entender lo limitada que es tu percepción.

Cuando el Big Bang ocurrió, toda esa materia y energía fue lanzada hacia afuera. Los científicos humanos no saben por qué o cómo sucedió, aunque algunos tienen la certeza de que están a punto de descubrirlo. El principio del universo fue un tiempo tan activo que algunos de tus físicos han escrito libros enteros sobre los primeros minutos. Si quieres mi opinión, dejaron fuera todas las partes interesantes (es decir, me omitieron a mí) al concluir la historia demasiado pronto.

Sin embargo, fue la decisión que tomaron y debo respetar su enfoque.

En la primera pequeña fracción de un segundo, el universo se infló rápidamente a 100 000 000 000 000 000 000 000 000 veces su tamaño original. Ese número es 100 septillones, o 10^{26}, o un 1 seguido de 26 ceros. Esta expansión tan rápida permitió al universo enfriarse por un factor de 100 000. Ahora, cuando digo cosas como «caliente» y «frío», debes entender que no siento la temperatura de la misma forma que tú. La temperatura de un espacio es, en última instancia, una medida que expresa qué tan rápido se mueven las partículas en ese espacio. Si se mueven rápidamente, el espacio tiene una temperatura mayor. Como la temperatura, la densidad y el volumen están todos relacionados entre sí, el universo también se volvía menos denso en la medida que se expandía. Las partículas se ralentizaron y todo se volvió mucho más frío.

En cuestión de minutos, el universo se había enfriado de unos 10^{32} kelvin (K), en su punto más caliente, a tan solo unos mil millones de grados. Oh, es cierto, no todos ustedes usan la misma escala de temperatura, así que te diré que 100 grados Celsius (°C) o 212 grados Fahrenheit (°F) —la que prefieras, aunque nunca entenderé por qué ustedes no pueden elegir una y ya— es solo 373 K. Así es que imagínate lo caliente que se deben sentir mil millones K.

Mil millones de grados es un punto de referencia crucial porque fue entonces cuando el universo se enfrió lo suficiente como para que los protones y neutrones que se habían formado se combinaran en grupos simples de elementos que los científicos humanos algún día llamarían *núcleos atómicos*. Tus científicos definieron todo ese proceso como la nucleosíntesis del Big Bang. Yo solo digo que fue la creación de los primeros elementos, porque no necesito tratar de sonar inteligente solo para impresionar.

El universo todavía se hallaba tan caliente que los electrones se movían demasiado rápido como para unirse a aquellos primeros núcleos atómicos. Seguro que nunca has tenido que pensar en que algo sea tan caliente que no permita la formación de átomos. Lo más caliente con lo que has interactuado apenas sirve para calentar tus cenas, y jamás podría alterar las partículas elementales. Lo que con toda probabilidad es algo bueno para sus frágiles cuerpos humanos.

A raíz de esa impresionante expansión inicial, que tus astrónomos han denominado tan creativamente *la inflación cósmica*, el universo tardó cientos de miles de años en enfriarse lo suficiente para que los electrones se unieran a los núcleos y formaran átomos neutros. Los primeros átomos consistían básicamente en aquello que llaman hidrógeno (los más fáciles de producir porque requieren solo un protón y un electrón), un poco de helio y una cantidad mínima de litio.

Yo aún no estaba viva para presenciarlo, pero fue por aquel tiempo, 390 mil años después del Big Bang, que el universo se volvió transparente. Antes de eso, los fotones (partículas de luz) continuaban rebotando en la multitud de electrones libres que aún no se habían unido a los núcleos atómicos y, como resultado, el universo se veía opaco. Lo sé porque mirar al espacio es como mirar hacia atrás en el tiempo. La luz, por muy rápida que sea, tan solo puede viajar a una velocidad finita. Se necesita tiempo para recorrer las grandes distancias del espacio. Y cuando miro lo suficientemente hacia atrás a través del espacio y, por lo tanto, también del tiempo, llego a un punto en el que no me es posible ver nada. El universo se ve oscuro porque toda la luz estaba atrapada.

Pero *ver* no es la única forma de recopilar información. Ustedes, los humanos, siempre han confiado demasiado en su vista, cuando en realidad hay tanto que *sentir* en el espacio; por ejemplo, la abundancia de calor y energía presente al comienzo del universo no desapareció, solo se dispersó. Todavía hoy podemos detectar la firma del calor a nuestro alrededor en el universo. Tus astrónomos lo llaman *radiación cósmica de fondo de microondas* o CMB, por sus siglas en inglés. Si estás leyendo esto con atención —me refiero a que si estás pensando sobre lo que lees en lugar de dejar que las palabras te entren por un oído y salgan por el otro (figurativamente hablando, a menos que este sea uno de esos audiolibros)— es posible que te sientas confundido por el nombre de esa radiación debido a que el *calor* suele observarse en la parte *infrarroja* del espectro electromagnético y no en las *microondas*.

¿Sabes cuál es ese espectro? ¡Oh, no, cómo te han fallado tus científicos! El espectro electromagnético es el rango de posibles longitudes de onda de la luz. Las ondas de radio tienen longitudes de onda muy largas y energías bajas, mientras que los rayos gamma tienen longitudes de onda cortas y energías altas. Los de tu especie solo pueden ver una banda muy estrecha entre los dos extremos de ese espectro. ¡Qué desperdicio!

Volviendo a mi punto sobre la radiación cósmica de fondo de microondas (RFM): el calor generalmente se muestra como luz infrarroja. Pero se llama fondo cósmico de *microondas* porque el universo se ha expandido desde el Big Bang y la longitud de onda de esa luz temprana también se ha expandido, empujándola fuera de la región infrarroja del espectro electromagnético y hacia las microondas.

La RFM muestra pequeñas fluctuaciones de temperatura que señalan los puntos que eran un poco más cálidos y, por lo tanto, más densos que su entorno. Es un patrón que nos dice (a tus científicos más importantes y, literalmente, a cualquier galaxia con la mitad de un cerebro cósmico) cuál era la temperatura del universo primitivo y cómo se distribuía la materia cuando aún era opaco.

Por desgracia, tu ignorancia me ha obligado a alargar tanto mi explicación que todavía no puedo llegar a la parte sobre mí. ¡Pero nos estamos acercando! Tuvieron que pasar otros trescientos millones de años tras la formación de los primeros átomos para crear las primeras estrellas. Toda la reserva de hidrógeno y helio del universo (y sí, incluyamos también el litio en aras de la precisión) existía como nubes de gas. Algo perturbó el delicado equilibrio de aquellas primeras nubes. Tal vez algún viento cósmico pasó a través de ellas o tal vez el gas se distribuyó aleatoriamente de tal manera que hizo que una parte de la nube fuera más densa que el resto. De hecho, hay algunos astrónomos humanos que estudian las pequeñas fluctuaciones en la RFM y realizan modelos informáticos para ver qué tipo de estructura a gran escala se crea como consecuencia del patrón inicial de subdensidad y sobredensidad del universo.[2]

Cualquiera que haya sido la causa, la gravedad tomó el control en cuanto ocurrió una irregularidad en la forma en que la materia estaba distribuida a través de la nube. Aunque no es lo mismo hablar de lo infinitesimalmente pequeño (núcleos atómicos) que de lo inconcebiblemente gigantesco (el universo en expansión), en la mayoría de las escalas de tamaño la gravedad controla *todo*. Aquella pequeña región con mayor densidad fue atrayendo cada vez más material hasta que, finalmente, colapsó sobre sí misma bajo la fuerza de su propio peso, calentándose y haciéndose más densa hasta que creó las primeras estrellas.

La creación de esas primeras estrellas lanzó poderosas ondas de choque a través del resto de la nube y las estrellas mismas comenzaron a afectar su entorno, calentándolo, ionizando el gas con su radiación y emitiendo vientos de partículas cargadas. Aquellas perturbaciones desencadenaron una cascada de formaciones estelares parecida a cuando los humanos derriban una fila de fichas de dominó. El mismo proceso ocurrió en las nubes de gas cercanas y, con el tiempo, todas esas separadas concentraciones de gas, estrellas y materia oscura fueron atraídas entre sí por la gravedad. Al juntarse se combinaron, compartiendo sus estrellas y creando otras nuevas a medida que sus gases se mezclaban.

Esas estrellas tempranas, compuestas de hidrógeno y helio primordiales, se quemaron intensa y rápidamente, agotando su combustible de hidrógeno en solo decenas de millones de años. De hecho, los científicos humanos no han podido encontrar ninguna estrella de esa primera generación, a la que confusamente llaman estrellas de Población III (a las estrellas más jóvenes les dicen Población I, aunque son de una generación posterior). Todas las estrellas observadas hasta ahora tienen aunque sea un poco de contaminación por metales, aunque existe la posibilidad de que algunas de las primeras estrellas hayan sobrevivido y recogido metales en sus atmósferas exteriores al viajar a través de nubes de gas enriquecido.

Así es como, por cierto, tus astrónomos llaman a los elementos más pesados que el helio: metales. La mayoría del resto de los científicos parecen tener una idea muy diferente de lo que es un metal, pero no estoy aquí para meterme en disputas lingüísticas tan absurdas.

La primera generación de estrellas produjo en sus núcleos algunos elementos más pesados[3] (lo que ustedes llaman berilio, carbono y nitrógeno, entre otros, hasta llegar al hierro) y, al morir, liberaron esos elementos al espacio para que una siguiente generación de estrellas fuera un poco más rica en metales que su predecesora.

Aquí debo hacer una breve pausa aclaratoria, humano, para evitar que te surja la descabellada idea de que mis estrellas se crearon en grupos meticulosamente organizados y programados. La verdad es que formo estrellas todo el tiempo y, por desgracia, estas también mueren todo el tiempo. Ahondaré en esto más adelante, pero por ahora te pido que tomes la frase «generación de estrellas» literalmente. Aunque nuevos humanos mueran y nazcan cada año, ustedes hablan del surgimiento de una nueva generación alrededor de cada 25 años, con base en las características comunes a las personas nacidas durante ese tiempo. Bueno, pues lo mismo ocurre con mis estrellas.

Durante cientos de millones de años, el ciclo del colapso de las nubes, la producción de metales y la atracción gravitacional produjeron los primeros ejemplos de galaxias. Tenían todo lo que se supone que debe tener una galaxia: estrellas, gas, polvo y materia oscura (mi deslumbrante belleza es solo un extra, no un requisito), pero eran más pequeñas de lo que soy ahora. Y crecimos comiéndonos unas a otras.

Primero, no te obsesiones con la idea de galaxias que se comen entre sí. Es lo que hacemos, y no es más perturbador que ponerle piña a la pizza. Segundo, estoy empezando a decir «nosotros» porque en este punto, varios cientos de millones de años después del Big Bang, la mayoría de mis partes ya se habían creado y era solo cuestión de tiempo antes de que la gravedad las juntara a todas; antes de que *nos* se convirtiera en *mí*. Así que, ¡felicidades!, por fin llegamos a mi comienzo.

Sé que procesar todo lo que acabo de decir tal vez sea demasiado para ti. ¡Y eso que tu cerebro está completamente formado! Así que si un niño te pregunta cómo nacen las galaxias, puedes decirle que cuando una nube de gas siente un enorme amor propio, se abraza a sí misma con tal fuerza que, después de unos cientos de millones de años, nace una galaxia bebé. Y, por favor, deja a las cigüeñas afuera.

En aquel entonces, todos los pequeños grupos de galaxias (*protogalaxias*, como las llamarían sus astrónomos) eran jóvenes, calientes y estaban amontonados en un espacio mucho más pequeño que el que ocupamos ahora. Hicimos concursos para ver quién podía comer más gas y formar estrellas más rápido (el típico desenfreno juvenil), en parte porque era divertido competir, pero sobre todo porque sabíamos que las galaxias más grandes eran las que sobrevivirían. Aquellos primeros cientos de millones de años fueron un fiestón salvaje y de alto riesgo, parecido a su Burning Man.

La fiesta solo fue posible porque el universo era mucho más caliente y denso que ahora. La temperatura promedio en aquel entonces era de 50 K, lo que es frío incluso para sus estándares humanos, pero las partículas de rápido movimiento del universo primitivo facilitaron la formación, el intercambio y la fusión de material entre galaxias. El universo se fue enfriando a medida que continuó expandiéndose, impulsado por una fuerza misteriosa que tus científicos no entienden para nada (aunque tus astrónomos han descubierto hace poco que el gas en el universo se ha estado calentando durante los últimos diez mil millones de años a medida que la gravedad lo hace más compacto).[4]

Hoy en día, el universo es un lugar frío y tranquilo, casi tan frío como puede llegar a estar cualquier otra cosa. Al observar de nuevo la RFM, podemos afirmar que la temperatura promedio del universo es de solo 2.7 K. Es decir, ¡veinte veces más frío que cuando yo nací!

Por cierto, me refiero aquí específicamente a la temperatura *promedio*, ya que hoy en día existen partes del universo mucho más calientes o más frías que 2.7 K. Una estrella promedio como tu sol, por ejemplo, tiene una temperatura de 5 800 K, mientras que tu cuerpo humano mantiene una temperatura constante de tan solo 310 K. Es solo con escalas lo suficientemente grandes, incluso más grandes que la mía, que la temperatura del universo es tan baja. Y que yo sepa, nada en el universo tiene una temperatura de 0 K, la temperatura asociada con ningún movimiento de partículas, o «cero absoluto», como ustedes lo llaman.

Si bien el universo en realidad nunca llega al cero absoluto, sí fue capaz de enfriarse por nonillones de grados en tan solo trescientos millones de años. Esa es una diferencia de más de 10^{30} grados en menos tiempo del que tardó en formarse la vida bacteriana en tu planeta.

Ustedes los humanos a veces sueltan estos números: trescientos millones, miles de millones, nonillones, pero dudo que en realidad comprendan lo que significan. La mayoría de estos números son insignificantes para mí, pero ustedes rara vez llegan a interactuar con valores tan grandes en sus breves vidas. De hecho, algunos lenguajes humanos ni siquiera tienen palabras para distinguirlos y simplemente los llaman a todos «números grandes».[5] Pero para mostrarte lo diferentes que son esos números, déjame ponerlo en términos con los que estás más familiarizado. En lugar de años, imagina que estoy hablando de *segundos* después del Big Bang.

Trescientos mil segundos son tres días y medio en la Tierra, y fue entonces cuando el universo comenzó a formar átomos. Se necesitaron otros trescientos millones de segundos, es decir, otros DIEZ AÑOS para que las estrellas se formaran. Y ahora henos aquí, casi 14 mil millones de segundos después del Big Bang, que son casi 450 años terrestres.

También puedes imaginar que el universo enfriándose después del Big Bag hasta el momento de poder formar las estrellas es como si el Sol se convirtiera en una bola de hielo en solo tres días. El universo pudo enfriarse así de rápido porque se expandía a la velocidad de un rayo, manteniendo la misma cantidad de materia y energía, pero en un espacio en rápido crecimiento. Dicha expansión, que continúa hasta el día de hoy, es la razón por la que quedan tan pocas galaxias como la mía en mi vecindario. Todavía puedo ver rastros de luz de la mayoría de las galaxias que me abandonaron. Muchas de ellas se han convertido en galaxias completas y han desarrollado sus propias pequeñas comunidades galácticas como el vecindario donde yo (y tú) vi-

vimos, pero se están alejando cada vez más. Un día me asomaré y todas se habrán ido. No te preocupes, no estarán muertas, o al menos, no la mayoría de ellas. Solo que se hallarán tan lejos que su luz ya no podrá alcanzarnos. Pero eso no sucederá hasta dentro de cien mil millones de años, por lo que no hay motivo para que ninguno de nosotros se ponga a pensar en ello ahora.

La mayoría de las galaxias que todavía existen son galaxias enanas, y supongo que debo describir qué son ya que existe cierta confusión sobre el umbral entre una galaxia enana y una gran galaxia como yo. Hace varios años, uno de los adorados planetas de tu sistema solar causó un gran revuelo cuando fue degradado a planeta enano. Los astrónomos aseveraron que se debía a que aquel trozo de roca helada no era lo suficientemente masivo como para haber limpiado los escombros en su camino orbital. No tengo nada en contra de eso, ustedes pueden llamar a los planetas como quieran. ¿Por qué debería importarme? Tengo cientos de miles de millones de planetas.

Sin embargo, me pregunto: ¿reaccionarían igual de indignados si me degradaran a galaxia enana?

Es solo una pregunta hipotética, dado que crucé el umbral de enana a galaxia hace ya mucho tiempo. No puedo saber exactamente cuándo sucedió porque los astrónomos humanos no se ponen de acuerdo en cuál debería ser el límite entre galaxias enanas y no enanas. Algunos usan un límite de masa para determinarlo, mientras que otros se basan en el tamaño, el brillo, la forma... Casi todos los astrónomos que se preocupan por las galaxias enanas tienen una idea propia de qué es lo que las define. Por supuesto, eso es muy frustrante, aunque en la mayoría de los casos es bastante obvio a qué categoría pertenece una detrminada galaxia. Las galaxias enanas son pequeñas con apenas unos cuantos cientos de millones de estrellas. Las más grandes tienen quizás unos cuantos miles de millones.

Su pequeña estatura es una consecuencia natural de dónde, cuándo y cómo nacieron. ¿Acaso no ocurre lo mismo con ustedes?

Algunas de las enanas se forman a través de interacciones gravitacionales, o fuerzas de marea, entre galaxias más grandes. Cuando dicha interacción es lo suficientemente violenta (como cuando intentan comerse entre sí, pero la galaxia perdedora da pelea), pueden llegar a arrojar algo de material fuera de la zona de combate. De hecho, lo mismo sucede cuando las galaxias tienen, ehh... interacciones íntimas intensas. Por lo que tal vez algunas galaxias enanas en realidad sí tienen algo así como un padre y una madre.

Otras galaxias enanas se formaron casi al mismo tiempo de mi creación. Denominadas enanas primordiales, estas galaxias contienen pocos metales y son lentas para formar estrellas, aunque no siempre es su culpa. Muchas de estas enanas primordiales fueron desprovistas de gas y de la formación estelar debido a sus agujeros negros centrales. Es una lástima, de verdad. Pero hay algunas enanas primordiales que permanecieron pequeñas porque simplemente no se esforzaron lo suficiente o no comieron la cantidad adecuada de material cuando eran jóvenes.

Con eso no quiero decir que sea mejor que las galaxias enanas solo por mi tamaño. Hay algunas galaxias justo en el umbral entre ser enanas y no, como la Gran Nube de Magallanes, a quien conozco mejor como Larry. Aunque a veces tenemos desacuerdos (y a todas luces yo soy una mejor galaxia), no se deben a nuestra diferencia de tamaño.

Un defecto fatal de las galaxias enanas es que, debido a que tienen menos masa que una galaxia adulta, pueden ser destruidas con mayor facilidad por las fuerzas gravitacionales. Veo que eso les sucede todo el tiempo a las galaxias más pequeñas que me rodean. Incluso yo he destrozado a varias de ellas. De no hacerlo, moriría. Incluso ellas reconocen que, después de todo, es lo mejor, porque así sus estrellas pasan a formar parte de un hogar más estable.

Pero no todas las enanas terminan siendo destrozadas. Si ese fuera el caso, hoy en día no habría ninguna. Incluso yo seré destrozada por la gravedad de una estructura más grande, así es que no soy necesariamente superior a ellas. Aun así, me alegro de no ser una galaxia enana.

Ay, parece que me dejé llevar un poco, ya que todo lo que necesitas saber es que crecí lo suficiente como para *no* ser una galaxia enana ni por equivocación, porque me esforcé mucho en aumentar mi masa muscular y, por otro lado, la gravedad es rey… ¿o reina? Quién sabe. A las galaxias no les importa el género como a ustedes, ya que no tenemos esas partes carnosas (¿recuerdas?).

Pero regresemos a lo ya dicho: he existido desde hace unos 13 500 millones de años. Mis primeros gigaanna (esto significa múltiples períodos de mil millones de años; aprendan aunque sea un poco de latín) los pasé atracándome de gas y destrozando galaxias más pequeñas que pudieron o no haber sido enanas. (Honestamente, una vez que retrocedes lo suficiente en el tiempo, los esquemas de clasificación humanos se vuelven incluso menos útiles de lo que son ahora). Han sido miles de millones de años tratando de lograr un equilibrio entre la creación (estrellas, planetas, agujeros negros) y la destrucción (supernovas, estallidos de rayos gamma y rasgaduras de mareas). La materia en su forma más fundamental nunca puede ser destruida, pero las vidas sí, y yo, lamentablemente, he acabado con suficientes vidas cósmicas como para inclinar la balanza en la dirección equivocada.

Me siento mucho mejor ahora, después de que apareciste. No tú en específico, obviamente. Tú como individuo no eres tan importante, pero los humanos como grupo sí lo son.

Considera, por ejemplo, los avances de la humanidad en la comprensión del universo. Aunque es obvio que les queda un largo camino por recorrer, hubo un tiempo en que los de tu especie creían que el cielo nocturno era una roca perforada con agujeros por criaturas todopoderosas.[6] Y, sin embargo, unos cuantos miles de años después, ¡fueron capaces de capturar la *imagen* real de un agujero negro en otra galaxia! Todo sin haberse movido de su pequeño lugar en el espacio y el tiempo.

No puedo enfatizar más lo sorprendente que resulta esto. En tu planeta existe un pequeño animal, creo que ustedes lo llaman efímera, que si tiene suerte solamente vive un día terrestre.[7] Una efímera podría vivir toda su vida en la habitación de una de sus casas. ¿No te parece triste? ¿Nunca te has preguntado por qué una efímera siquiera se toma la molestia de hacer cualquier cosa? Porque eso es justo lo que siento por ustedes. Su vida es tan corta y limitada que muchos de ustedes ni siquiera llegan a comprender el alcance de mi existencia, aunque *no se cansan de intentarlo*. Si yo estuviera en sus zapatos, hace mucho tiempo que me habría rendido, a pesar de mi sorprendente paciencia.

A medida que ustedes desarrollaban métodos y herramientas para estudiarme de manera rigurosa y hallar explicaciones para lo que tus antepasados captaron a simple vista durante milenios, seguían enfrentándose a la misma pregunta: ¿Cuántos años tiene? (Qué raro, dado lo poco cortés que esa pregunta les parece en tu planeta). A ustedes les interesaba aprender sobre la naturaleza de las cosas —cómo se formaron, evolucionaron y murieron—, pero para saber cómo algo cambió a lo largo del tiempo, debes saber cuánto tiempo ha tenido para cambiar.

Algunos de ustedes, después de leer un libro escrito hace más de mil años, en un idioma que no pueden entender, afirman que ni siquiera tengo diez mil años de edad. A muchos de ustedes en realidad tampoco les importa un pepino porque no creen que tenga un efecto en sus vidas. Aunque en mi opinión, que tal vez no sea muy objetiva, creería que mi edad sí les afecta a todos ustedes porque viven dentro de mí. Si yo fuera mucho más joven, por ejemplo, no habría suficiente carbono ni calcio en mis nubes de gas para crear seres humanos en primer lugar.

Sin embargo, existe entre los tuyos un pequeño grupo que ha dedicado sus vida a averiguar mi edad, la de mis diferentes partes y cómo he cambiado con el tiempo. Son un grupo de humanos curiosos, que se hacen llamar *arqueólogos galácticos*.

Tú tuviste la buena suerte de averiguar mi edad solo con leer este libro, pero los arqueólogos galácticos debieron averiguarla por su cuenta. Y, sin duda, fue entretenido verlos encontrar la respuesta por sí mismos.

Al igual que un arqueólogo de la Tierra enfocado en establecer la edad de una civilización antigua (para ustedes) mediante el cálculo de la edad de una vasija de barro, los arqueólogos galácticos se dieron cuenta de que podían determinar mi edad midiendo las edades de mis estrellas más antiguas. Fueron muy creativos, una cualidad que comparte la mayoría de tu especie, y emplearon varios métodos para hacerlo. Y, por supuesto, tengo mis favoritos.

Uno de ellos recurre a modelos. Es decir, los astrónomos creen que si logran saber cómo funcionan las estrellas podrán hacer conjeturas sobre cómo estas cambiarán con el tiempo. Mediante ese método, es posible medir el calor y la luminosidad de una estrella en particular y utilizar los valores obtenidos para hacerlos coincidir con alguno de los modelos. Los astrónomos humanos llaman a esto método de medición por isócronas. La palabra *isócrona* proviene de dos palabras del griego que significan 'mismo' y 'tiempo', lo cual es apropiado, porque los astrónomos las usan para identificar estrellas que nacieron al mismo tiempo.

Me hizo mucha gracia cuando a los astrónomos se les ocurrió este método porque *sabían que no era confiable*, en especial para estrellas menos masivas que tu sol. Los modelos dependen del uso de ciertos valores como la masa y la temperatura de una estrella; valores imprecisos que se transfieren al cálculo de la edad. Cuando los astrónomos compararon sus edades isócronas con las encontradas mediante otros métodos, se dieron cuenta de que las isócronas pueden estar mal hasta el doble de veces, pero en promedio erran un 25% de las veces.

Puede parecerte cruel que ese error me divirtiera tanto, pero en realidad es todo lo contrario. Durante mucho tiempo, era la mejor manera que ustedes tenían para determinar las edades de mis estrellas. Y, sabiendo que lo mejor para ustedes no era suficiente, siguieron trabajando para encontrar mejores métodos. Los de tu especie son incansables y trabajan duro para lograr lo que pueden en sus cortas vidas y con sus limitados recursos.

Un método un poco más preciso para determinar la edad de las estrellas se basa en valores que se pueden observar y medir de forma directa. Algunos astrónomos se dieron cuenta de que todas mis estrellas giran alrededor de algún eje, tal como ocurre con la Tierra, y que comienzan a girar más lentamente a medida que envejecen. A diferencia de tu planeta, que se está ralentizando debido a las interacciones gravitacionales con su luna,[8] las estrellas se hacen más lentas porque emiten vientos magnéticos que las jalan mientras giran. Algunas estrellas (yo estoy hecha de diferentes tipos de estrellas, de la misma forma que tú estás hecho de diferentes tipos de células) nacen girando más rápido que otras, pero también tienen vientos más fuertes que las ralentizan más rápido, por lo que al final alcanzan a sus compañeras que giran más lento. Estas estrellas son menos masivas que tu sol.

Dado que los astrónomos humanos han observado, modelado y simulado la desaceleración de las estrellas, los astrónomos humanos ahora pueden calcular la edad de una estrella de baja masa solo basándose en su velocidad de rotación mediante una técnica llamada *girocronología*.

Más allá de ajustar modelos isócronos y de observar mis estrellas mientras bailan, tus científicos han tratado de determinar la edad de las estrellas rastreando los cambios en sus órbitas alrededor de mi cuerpo, cronometrando qué tan rápido pulsan (hacerse más grandes y más pequeñas, como tu pecho al respirar) y midiendo la cantidad de litio que contienen. La mayoría de estos métodos[9] ofrecen respuestas muy inciertas cuando se aplican a estrellas individuales. Sin embargo, las respuestas son más precisas cuando se aplican a grupos enteros de estrellas (no preguntes por qué, no estoy aquí para enseñar *estadística*). Tus astrónomos llaman *cúmulos abiertos* a estos grupos de estrellas que nacen de la misma nube de gas porque casi siempre están tan escasamente poblados como para disolverse (o *desintegrarse*) en un período de alrededor de doscientos millones de años.

Si alguna vez has pensado en la edad que tienen las estrellas, probablemente es debido a que te preocupa cómo influyen en la incesante obsesión humana por buscar vida en otros planetas. Lo juro, encontrar extraterrestres parece ser el pasatiempo favorito de tu especie. La evolución de un planeta está ligada a la de su estrella, por lo que la clave para encontrar vida es saber si un sistema ha existido durante el tiempo adecuado para albergarlo.[10] Tus astrónomos incluso tienen un dicho: «Si conoces tu estrella, conocerás tu planeta». Si averiguas qué tan antigua, caliente y metálica es una estrella, es posible inferir mucho sobre su(s) planeta(s). Sin revelar mucho sobre mis secretos más excitantes, puedo decirte que tu estrella nació justo en el momento preciso para tener los ingredientes requeridos para la vida y el tiempo suficiente para desarrollarla... unos cientos de millones de años más o cientos de millones de años menos.

Es posible rastrear el origen de tu oportuna existencia a una fluctuación aleatoria en una nube de gas primordial ocurrida hace 13 mil millones de años. Sin aquella pequeña perturbación, las primeras estrellas no se habrían formado, yo no habría nacido y mis estrellas no habrían producido suficiente carbono en sus núcleos para crearte a ti. Con suerte, aprender acerca de estas inmensas escalas de tiempo del universo te ayudará a comprender, de una vez por todas, lo efímero de tu existencia en el gran esquema de las cosas. Y, por otro lado, que cada protón, neutrón y electrón de tu cuerpo fue creado en los primeros tres minutos después del Big Bang. Este dato debe hacerte perder tu (pequeña) cabeza.

Bien. Volvamos a hacer lo mismo, pero ahora utilizando el tamaño en lugar del tiempo.

4

CREACIÓN

PERO ANTES DE LLEGAR A ESO, ¿entiendes lo afortunado que eres de aprender este tipo de información vital directamente de mí, una galaxia *real*? Quizá te sentirías igual de desconcertado si fuera el semienano de Larry quien te lo contara, aunque te puedo garantizar que sus explicaciones no te parecerían tan entretenidas. Que yo te cuente esta historia, mi historia, es un *regalo*. Es como si aprendieras sobre… deja ver, ¿qué es algo que ustedes los humanos admiran? Ya, es como si Beyoncé se tomara un tiempo de su «ocupada» agenda para darte lecciones de canto personalmente. Sin embargo, incluso eso se queda corto: ella no supervisa a cien mil millones de estrellas.

Tus antepasados no tenían este libro, ni la sofisticada maquinaria que usan tus científicos, ni los miles de años de conocimiento acumulado del que te beneficias. No sabían nada sobre la verdad del Big Bang. En cambio, tenían dioses: seres poderosos, inmortales y de otro mundo que crearon y mantuvieron el variable universo. Tal como lo haces tú (o por lo menos como deberías), tus antepasados sacaron las mejores conclusiones que pudieron con la información disponible mediante sus deficientes sentidos humanos.

La ardua labor de tratar de encontrarle sentido al mundo que los rodeaba los llevó a sentir un gran respeto por una servidora. Y a pesar de no ser una diosa ni creer en los dioses, siempre apreciaré una buena historia, en particular aquellas que contienen una pizca de verdad aunque, desinteresada como soy, no me incluyan. Pero hay que ser honestos, las historias conmigo siempre serán mejores que aquellas en las que no aparezco. Si bien podría contarte sobre los mitos de la creación más populares o aceptados, solo mencionaré mis favoritos, por aquello de que tu vida es tan corta.

Mencioné un universo variable, en constante proceso de cambio. Espero que a estas alturas ya comprendas (gracias a la ciencia y a las maravillosas publicaciones modernas) que el universo cambia, muta y se expande continuamente. Si solo tomaras en cuenta los primeros principios, pensarías que el universo es fijo y constante, porque así es como se ve desde tu limitada perspectiva humana. Y, sin embargo, de alguna manera, existen historias acerca de la creación que contaban tus antepasados que describen un universo en constante proceso de transformación, operando en un ciclo infinito de nacimiento y destrucción. Algunos de tus astrónomos modernos cuentan una historia similar, pero recurren a las matemáticas y al código de computadoras en lugar de a las palabras.

Una de estas cosmogonías cíclicas provino de la gente del valle del río Indo hace más de cuatro mil años. Practicaban una religión llamada hinduismo, la más antigua de las doctrinas actuales y más populares en tu planeta. Los hindúes creen que el dios Brahma mismo creó el cosmos (palabras como «universo», «mundo» y «cosmos» eran más o menos intercambiables antes de que adoptaran definiciones científicas modernas) y que el nuestro no es el primero que creó.

Brahma no es el único dios de la religión hindú. De hecho, la idea de un solo dios verdadero es relativamente nueva. También está Visnú, el dios que preserva y mantiene el equilibrio del cosmos. No es de extrañar que a Visnú a menudo se le asociara con el sol, ya que se entendía que ambos sustentaban la vida en la Tierra. Para completar el ciclo, está Shiva, encargado de destruir el universo para que pueda ser reconstruido. Pero hasta que suceda eso, se dice que Shiva destruye las imperfecciones de tu mundo, por lo que se le considera tanto bueno como malo. Este *triunvirato* de dioses trabaja en equipo para que el universo siga en movimiento durante su ciclo, cada uno haciendo su parte cuando le toca, hasta el final de la eternidad. O, si algo sé acerca de seres inmortales, hasta que se aburran de hacer lo mismo una y otra vez. Pero tal vez me estoy proyectando.

Tres mil años después y 7 200 kilómetros al norte, las tribus nórdicas contaban sus propias cosmogonías que, de alguna manera, estaban arraigadas en la verdad. Las historias se transmitieron oralmente durante incontables generaciones (su imperfecta memoria humana y sus molestas preferencias personales introdujeron ligeras variaciones cada vez), hasta que fueron escritas en tu siglo XIII. Para entonces, el cristianismo ya estaba bien establecido en tierras nórdicas y es difícil, incluso para mí, decir hasta qué punto la *Edda mayor* y la *Edda menor* diferían de las historias paganas que los primeros vikingos compartían alrededor de sus fogatas. Para ser honesta, no presté mucha atención. La Edad Media de la humanidad fue aburrida y yo tenía otras cosas que hacer.

Las *Eddas* describen un gran abismo entre los dos primeros mundos: Muspelheim, el mundo del fuego, y Niflheim, el mundo del hielo. La escarcha y la llama se encontraron en el medio, y un dios gigante nació del hielo derretido. Su nombre era Ymir y más tarde fue asesinado por algunas de las criaturas que surgieron de su cuerpo. Sus partes se usaron para construir los otros mundos del universo nórdico. Son nueve en total, incluidos los hogares separados para los humanos y sus dioses. Se suponía que estos mundos descansaban entre las raíces y ramas de Yggdrasil, el gran árbol del mundo.

Pronto compartiré más detalles sobre mi cuerpo y la verdadera forma del universo, pero por ahora basta decir que el espacio, en ninguna escala, tiene forma de árbol. Bueno, tal vez si con el zum nos alejáramos lo suficiente podría parecerse a las raíces de un árbol.

Aun así, la historia nórdica tiene ese improbable granito de verdad que me encanta ver. La vida surgió en medio del abismo, entre los mundos del hielo y del fuego donde la temperatura era justo la propicia. «¿Propicia para qué?», te preguntarás. Para que hubiera agua en estado líquido, por supuesto. Ya sabes, esa cosa amorfa de la que estás lleno y de la que *tanto* dependes. Los nórdicos, habiendo vivido literalmente en una tierra de fuego y hielo (volcanes y glaciares), habrían sido testigos de cómo la vida puede florecer cuando esos dos elementos se encuentran. El agua, igual que el sol, nutre tu frágil cuerpecito, por lo que también a menudo se cuela en las historias más sagradas de los humanos.

Muchas de las historias de la creación contadas por tus antepasados no comenzaban con el caos o la nada, sino con un profundo océano primordial. Mi favorita entre estas involucra a una criatura divina que se sumerge hasta el fondo del océano para, poco a poco, recolectar el lodo que será utilizado para construir tierra firme. El buzo a menudo toma la forma de algún animal, una imagen maravillosamente extravagante, y muchas de las historias incluyen múltiples intentos fallidos antes de que el lodo del fondo del océano pudiera recolectarse con éxito.

Este tipo de relato, a veces llamado colectivamente *mitos de buceadores de tierra*, (*earth-diver myths*) es común entre los pueblos indígenas de América del Norte. Pero también es posible encontrar historias similares en la Turquía moderna, en el norte de Europa y en el este de Rusia. Algunos de los humanos que pasan su breve vida rastreando la evolución de las historias de sus ancestros (ustedes los llaman folcloristas o antropólogos) creen que los mitos de buceadores de tierra comparten un antepasado narrativo común que proviene del este de Asia y se expandió a medida que la gente migró.

Ahora, esta historia se enfoca en la creación de la tierra firme en la insignificante pequeña roca que es la Tierra. Estás equivocado si piensas que eso me desanima. En todos los sentidos, la Tierra *era* el universo de tus antepasados. La vida en la Tierra *sí* se originó en el agua. Y la humanidad *es* el intento de vida más reciente después de muchos fracasos catastróficos. Son más las especies que se han extinguido en tu planeta que las que hoy en día viven en él.[1] (Q.E.P.D. los trilobites. Tenía grandes esperanzas para ellos). Por lo tanto, los mitos de buceadores de tierra le atinaron a muchas cosas.

Nunca esperé que tus antepasados supieran todo sobre mí. Es obvio que apreciaban mi presencia, así es que me conformé con escuchar sus historias y ver cómo marchaban sin parar rumbo hacia la ciencia sin saber qué encontrarían. Fue entretenido, y tal vez incluso algo inspirador.

Pero *tu* ignorancia acerca del vasto universo que te rodea no es ni entretenida ni inspiradora. No has aprovechado las herramientas, los expertos y el conocimiento que tienes a tu disposición. De ahí mi decisión de intervenir.

Ahora, mientras lees el resto de mi historia (que, insisto, es un privilegio), recuerda que no eres más inteligente que tus antepasados que creían que el cielo estaba hecho del cráneo de un gigante muerto. Solo tuviste la suerte de nacer después.

5

LUGAR DE ORIGEN

¿QUÉ PIENSAS DE TU LUGAR DE ORIGEN? He notado que algunos de ustedes se apegan a sus equipos de futbol —aunque «futbol» signifique cosas diferentes en ciertas partes del mundo porque los humanos son una especie ridícula— y sus comidas regionales. A menudo me he preguntado: ¿Qué es un jocho y qué tiene que ver con los perros? El resto de ustedes parece esforzarse sobremanera por alejarse lo más posible de su lugar de procedencia. Se trata de algo que nunca ha tenido mucho sentido para mí porque, desde donde lo veo, todos vienen del mismo lugar. Pero supongo que un océano puede parecerle una muralla enorme a alguien tan insignificante.

Así es que permíteme presentarte mi lugar de origen, que, por extensión, es el tuyo. Siéntete con toda la confianza de enorgullecerte de él. De hecho, insisto en que lo hagas, aunque, claramente, primero deberías aprender más al respecto. Como especie, los humanos toman demasiadas decisiones sin conocer los hechos.

Hay, por supuesto, otras galaxias además de mí en el universo, todas ellas menos espectaculares que yo, con una notable excepción. La mayoría están a decenas de millones de años luz de distancia y se alejan cada segundo. Pero algunas galaxias (tus astrónomos han descubierto cincuenta hasta ahora) se encuentran justo al final de nuestro patio trasero galáctico, por llamarlo de alguna forma. Como con cualquier barrio, su calidad depende de sus habitantes, y de eso tenemos una selección bastante mixta.

Ellas, es decir nosotras, estamos todas unidas debido a la fuerza gravitacional. Solo el caso más extremo de expansión universal podría separarnos, e incluso eso llevaría un par de docenas de miles de millones de años. Todas estamos, en sentido literal y figurado, amarradas unas a otras. Tus astrónomos humanos han denominado Grupo Local a nuestro pequeño cúmulo de galaxias.

El Grupo Local tiene unos diez millones de años luz de ancho y rodea a sus dos miembros más influyentes: la galaxia que ustedes llaman Andrómeda y, por supuesto, a mí. Todas las demás galaxias del grupo son más pequeñas que yo, excepto quizás Andrómeda, y la mayoría de ellas tiene menos del 1% de mi tamaño. Las más pequeñas no hacen mucho más que orbitar galaxias más grandes con más fuerza gravitatoria y responsabilidades. Son como los típicos vecinos que no participan en nada: no ayudan en la decoración para las festividades, no cooperan con comida durante las reuniones ni se ofrecen como voluntarios para vigilar el vecindario ni cualquier otra de esas cosas que ustedes los humanos suelen hacer en sus pequeñas comunidades. Sin embargo, las pequeñas galaxias no dudan en aprovechar algunos de los recursos disponibles. Aunque en nuestro vecindario el único recurso que realmente nos importa es el gas intergaláctico.

Trato de no pensar mucho en esos gorrones. Me incomoda enfocarme demasiado en su persistente zumbido alrededor de mi halo. Ustedes, seres corpóreos, podrían llamar «comezón» a esa sensación. Sus astrónomos han observado cómo mi disco se retuerce y menea en respuesta.[1]

Una plaga atroz es la galaxia enana que tus astrónomos llaman Sagitario, que se aventuró a acercarse hace unos cientos de millones de años, molestándome hasta que empecé a destrozarla con mi gravedad. Ahora sus estrellas se hallan esparcidas alrededor de mi cuerpo en la llamada *corriente de Sagitario*,[2] y su gas será mi botana por varios eones venideros. Las galaxias más pequeñas tardan más en consumirse porque sus bajas masas dificultan ejercer un buen control gravitacional sobre ellas; sin embargo, su derrota siempre es inevitable. ¿Por qué debería molestarme en ser amable o incluso buscar la amistad de una galaxia que sé que terminaré comiéndome dentro mil millones de años? ¿Alguna vez le has desnudado tu alma a una bolsa de caramelos?

Con el paso del tiempo, empero, algunas galaxias vecinas se han convertido en lo que supongo que podrías llamar mis amigos. La más grande, brillante e importante de ellas es Andrómeda, aunque aún no revelaré demasiado acerca de esa historia. Solo quedaría hablar entonces sobre Larry, Sammy y Trin o, como probablemente los conozcas, la Gran Nube de Magallanes, la Pequeña Nube de Magallanes y la galaxia del Triángulo.

Aunque «amigos» probablemente sea una palabra demasiado exagerada y no siempre precisa. ¿Tienen ustedes una palabra para un ser cuya presencia toleran porque su ausencia implicaría sufrir una soledad y desesperación atroces?[3]

Ustedes son capaces de detectar a los tres con sus débiles ojos. O al menos sus ancestros podían verlos antes de que tu especie arrojara todo tipo de contaminación a la atmósfera de la Tierra. Ahora tendrías que hacer un esfuerzo para viajar a un lugar lo suficientemente oscuro como para poder echar un vistazo. No te sientas mal si nunca has hecho el viaje. De todos modos, solo uno de ellos merece tu atención, aunque sea superficial. De los otros dos, uno es un fracasado envidioso y el otro, más aburrido que un acuario de almejas.

Comencemos con los peores, ¿de acuerdo?

Al igual que yo, Triángulo[4] tiene varios nombres: Messier 33 (que los astrónomos suelen abreviar con M33), NGC 958, a veces galaxia del Molinete o, mi favorito, Trin, la perdedora. Este último apodo no está reconocido por su preciada UIA, ¡pero debería serlo porque es verdad! Trin tiene un poco más de la mitad de mi tamaño y contiene quizás una décima parte de estrellas, lo que la convierte en la tercera galaxia más grande del Grupo Local. Esto es lo que siempre la ha amargado.

Aunque no lo admitiría, estoy segura de que también le molestaría si yo revelara que los humanos antiguos no la incluyeron en ninguna de sus historias. Por lo menos, en ninguna de las que se contaban en voz alta o con la frecuencia suficiente como para que yo las escuchara, y tampoco parecen haber sobrevivido para que las escucharas tú. Resulta que Trin es tan poco brillante como para estar en boca de todos.

El primer ser humano que se tomó la molestia de escribir sobre Trin para que no quedara en el olvido fue un astrónomo

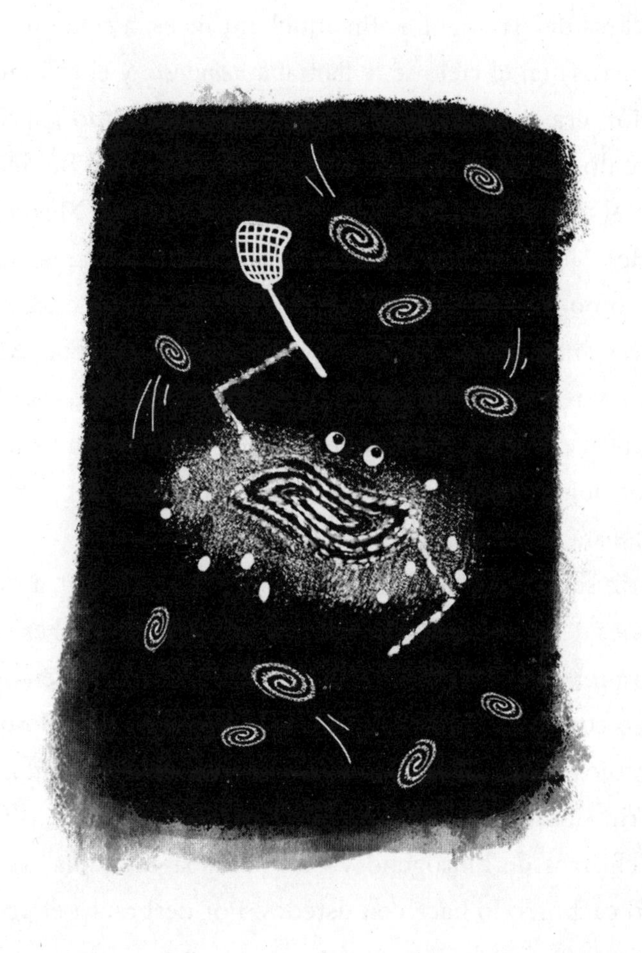

italiano del siglo XVII llamado Giovanni Battista Hodierna. Al ser un consumado astrónomo de la corte que tomaba excelentes notas y era capaz de reconocer objetos notables cuando los veía, Hodierna describió a Trin como una nebulosa sin nombre «cerca del Triángulo». En aquel entonces, a cualquier mancha borrosa en el cielo se le llamaba *nebulosa*, y el triángulo en cuestión era la constelación ahora conocida como galaxia del Triángulo. Un poco más de un siglo después, Trin fue incluido como el trigésimo tercer elemento en el catálogo Messier, una lista de objetos visibles desde su hemisferio norte creada por el astrónomo francés Charles Messier. De ahí el apodo M33. Pero ¿quieres enterarte de la mejor parte? En tu siglo XVIII, Messier y sus contemporáneos estaban principalmente interesados en identificar cometas, por lo que Messier elaboró una lista de todos los objetos frustrantes que se interponían en su camino. ¡Y en esa lista está Trin! ¡Qué fracasada!

Trin se ubica en el otro extremo del Grupo Local, a casi tres millones de años luz de distancia de nosotros, lo cual es fabuloso para mí, pero desafortunado para Andrómeda, quien tiene (y lo digo con todo el sarcasmo del que que soy capaz porque no tengo ojos para guiñar) el *placer* de mantenerla en órbita.

Trin siempre le ha hecho la barba a Andrómeda, ofreciéndole chorros de hidrógeno y estrellas y siguiéndola como un tierno cachorro lo hace con ustedes. Por desgracia, el pequeño y triste noviazgo de Trin dará sus frutos con el tiempo, porque si la relación continúa por el mismo camino, las dos galaxias probablemente se fusionarán en unos dos mil millones de años. Aunque es difícil asegurarlo. Pero de lo que sí no hay duda es que Andrómeda haría trizas a ese lamentable intento de galaxia para inmediatamente dirigir su atención a un compañero mucho más apropiado que espera con paciencia al otro lado del Grupo Local.

Mientras tanto, Triángulo seguirá buscando formas patéticas de insultarme, como: «Oh, ¿son las únicas estrellas que puedes crear en un año?» o «Tengo la fuente de rayos X más brillante de todo el Grupo Local» y «Tu curva de rotación se ve bastante inclinada».

Francamente, lo que diga Trin me importa un comino. Encontrarse en el tercer puesto, y por un margen tan grande, no puede ser fácil. Y soy tan magnánima que a veces hasta me siento mal por la pobre espiral.

Pero no tan mal como para seguir hablando del tema. Así es que sigamos adelante.

¿Alguna vez has conocido a alguien que sim-ple-men-te es in-ca-paz de tomar una decisión? Supongo que en tu caso se trataría de alguien que no puede decidir dónde cenar o si aceptar un trabajo (probablemente mediocre). Bueno, en nuestro vecindario, ese es Larry, la galaxia que no puede elegir entre ser una galaxia o una enana.

Larry (o Gran Nube de Magallanes) es la cuarta galaxia más grande del Grupo Local y no tiene delirios de grandeza aspiracionales o resentimientos por no estar en la competencia. Mientras que la personalidad mezquina de Trin proviene de saber que la grandeza está fuera de su alcance, Larry nunca tuvo siquiera la oportunidad de ser algo especial y, por lo tanto, nunca desarrolló una identidad.

Pero no por eso deja de ser admirable hasta cierto punto. Para nada, porque un diámetro de 14 000 años luz y una masa de más de diez mil millones de soles es algo sin duda extraordinario, especialmente para una galaxia enana. Larry es simplemente... insípida. Es aburrida y tiene un tipo de energía que no me agrada tener a mi alrededor. Sé que para ti es imposible entenderlo desde allá abajo, así que no te queda más que creer en mis palabras como galaxia que ha visto a Larry moviendo distraídamente polvo y gas de aquí para allá durante miles de millones de años. ¡Solo moviendo, porque el cosmos le prohibió crear estrellas!

Luciendo solo un brazo espiral, Larry ni siquiera pudo comprometerse de lleno a ser una galaxia espiral. ¡Un brazo nada más! Tus astrónomos nombraron toda una categoría de galaxias en honor a Larry en lo que solo puedo suponer que fue un acto inspirado en la lástima. Así es que ahora hay toda una clase de «espirales magallánicas» con un solo brazo espiral.[5] Ni siquiera es una clase *cool* de galaxias, son demasiado comunes como para formar algún tipo de club exclusivo.

Y Larry siempre está *tan cerca*. A cincuenta kilopársecs, 163 000 años luz o 1 500 cuatrillones de kilómetros —elije la medida que quieras—, no está lo suficientemente lejos. Andrómeda ni siquiera podría apretujarse entre nosotros. Y eso, mis diminutos terrícolas, es inaceptable.

Sé que no lo hiciste (y justo por eso hago tantos aspavientos), pero si me preguntas qué es lo más interesante de Larry, te diría que es el vínculo que tiene con Sammy, algo completamente inesperado e inmerecido. Y me refiero a un vínculo literal. Las dos galaxias enanas están unidas por una corriente de estrellas y gas que se extiende entre ellas, resultado de innumerables interacciones gravitacionales durante los últimos miles de millones de años (si tuviera cejas, las estaría enarcando de manera impúdica). Y para mi sorpresa, la unión ha sido buena para ellas. En los últimos dos mil millones de años, sus tasas de formación de estrellas han aumentado drásticamente, aunque ambas siguen teniendo un rendimiento inferior para sus masas. Parecen felices, y yo me siento feliz por ellas. Sus vidas son tan cortas que por lo menos deberían sentir algo de alegría mientras puedan.

Podrán ser mis conocidas —incluso considero a Sammy lo más cercano que tengo a una verdadera amiga—, pero ninguna de nosotras puede luchar contra su naturaleza por mucho tiempo. En unos miles de millones de años, mi atracción gravitacional las atraerá hacia mí y las devoraré a ambas.

Sin embargo, no les tengas pena. Siempre hemos sabido que ese momento llegará y que sus estrellas sobrevivirán, incluso si se dispersan un poco a lo largo de mi cuerpo.

Pero ya me adelanté. Ni siquiera te he presentado a Sammy (o Pequeña Nube de Magallanes) como se debe.

Es posible que hayas visto la mancha borrosa en tu cielo nocturno si vives cerca del hemisferio sur del planeta. Ubicada a solo doscientos mil años luz de distancia y con un peso de apenas siete mil millones de veces la masa de su sol, Sammy es una de mis vecinas más cercanas y, por patético que suene, de las más gordas después de Larry.

Sammy es lo que tus astrónomos llaman una galaxia enana irregular. «Irregular», hasta donde sé, es la manera de un astrónomo humano de decir «masa amorfa» sin sonar grosero o demasiado coloquial. Tus astrónomos tienen muy buenos modales. Básicamente significa que Sammy no tiene una hermosa forma de espiral como yo, pero no todas las galaxias pueden tener mi morfología ejemplar.

Creo que debería confesar que soy responsable de esa irregularidad. Sammy solía ser una versión pequeña de una galaxia espiral con una barra fuerte que conectaba los brazos en el medio (todavía puedes ver los restos de una barra si miras con uno de tus telescopios), pero un día me molesté un poco y traté de usar mi atracción gravitacional para destrozar a Sammy. ¡Te juro que no eran celos! No había comido nada en algunos milenios. Incluso a las galaxias les da hambre.

Tanto Larry como Sammy, a menudo juntas, son tan fáciles de ver con sus debiluchos ojos que los humanos antiguos conocían y contaban historias sobre ellas mucho antes de que alguien se preocupara por escribirlas. Los marineros polinesios sabían cómo navegar usándolas como puntos de referencia. Los maoríes de su Nueva Zelanda moderna marcaban el regreso de las nubes en su cielo para predecir el clima, y algunos grupos nativos de Australia las veían como el lugar de descanso de los espíritus de sus seres queridos. El saber cómo utilizar a las dos galaxias enanas fue transmitido de generación en generación, de boca en boca, a través de historias para que fueran más fáciles de recordar. Pero la mayoría de esas historias no me involucraban, excepto una, que también se contaba en Australia. En ella, Larry y Sammy eran una pareja de ancianos casados conocida como Jukara. Eran demasiado débiles como para encontrar su propia comida, por lo que tenían que confiar en la amabilidad de la gente estelar para que les trajeran pescado del río del cielo. Este era, por supuesto, yo. Aquellos antiguos humanos no tenían forma de saber que el intercambio de sustento entre nosotros tres algún día iría en la dirección opuesta.

Si nunca has escuchado estas historias, probablemente eres de la mitad del norte de tu pequeña esfera azul, donde Larry y Sammy no son tan visibles. Los mitos griegos y nórdicos con los que la mayoría de ustedes parecen estar familiarizados no los habrían mencionado.

Una vez que se desarrolló el lenguaje escrito, cualquier astrónomo humano que valiera su peso en sal (has de saber que la sal fue muy valiosa durante gran parte de la historia humana) escribió sobre Sammy y Larry, aunque no usaron esos nombres. No fue hasta lo que ustedes llaman el siglo XVI (porque aparentemente ignoran los 45 millones de siglos que le precedieron) que los humanos comenzaron a llamarlas Gran y Pequeña Nube de Magallanes después de que un fanfarrón llamado Magallanes las viera mientras navegaba alrededor del planeta.

Para bien o para mal, esos son los compañeros que el universo ha proporcionado. ¿Sigues conmigo, humano? Bien, porque aún queda mucho más terreno por recorrer.

He estado soltando distancias como doscientos mil y diez millones de años luz como si pudieras comprenderlas. Ese es mi error: sé que su planeta es tan pequeño que no les es posible imaginar estas magnitudes con su pequeño cerebro. Ni siquiera sé si sus astrónomos realmente pueden comprender estas vastas distancias, pero al menos encontraron formas para medirlas.

Desde su limitada perspectiva, el cielo nocturno parece bidimensional. De hecho, algunos de sus antepasados creían que el cielo era una manta colocada alrededor de la Tierra, pero una manta mágica con imágenes que se movían sobre ella. Los astrónomos fueron lo suficientemente inteligentes como para encontrar una manera de agregar esa tercera e importantísima dimensión: la distancia. La secuencia de métodos que desarrollaron para medir más y más lejos la nombraron *escalera de distancias cósmicas*.

El primer peldaño de esta escalera solo funciona para objetos cercanos. Tus astrónomos lo llaman el *método del paralaje*, e incluso en las mejores circunstancias —mirando los objetivos más brillantes con los mejores telescopios—, solo es capaz de medir de manera confiable distancias de hasta diez mil años luz. Eso ni siquiera es lo suficientemente lejano para alcanzar a mi vecino galáctico más cercano.

El paralaje funciona midiendo cuánto cambia la posición aparente de un objeto, es decir, la posición que parece tener en el cielo, a medida que se mueve el observador. Es probable que hayas hecho esto tú mismo a pequeña escala, aunque en ese momento lo ignoraras. Si miras tu pulgar con el brazo extendido y cierras primero un ojo y luego cambias al otro, tu pulgar parece moverse, ¿no? Eso es el paralaje en acción. Cuanto más distante esté el objeto, menos parece moverse. Es por ello que este método de medir distancias se vuelve menos confiable para los objetivos más lejanos.

—Pero, gran Vía Láctea misericordiosa —me preguntarás—, ¿cómo descubrieron esto los astrónomos si los humanos estamos atrapados en nuestro pequeño e insignificante planeta? —o al menos así es como asumo que te dirigirías a mí.

Y la respuesta, humano, es bastante simple. Puede que estés atrapado en tu planeta, pero este se mueve alrededor de tu sol. Los astrónomos miden el cambio aparente de objetos distantes a medida que tu planeta se mueve de un lado a otro de tu sol.

El método del paralaje incluso llevó a tus astrónomos a crear una nueva unidad de medida. Esto lo hacen a menudo, en realidad, pero creo que este vale la pena el tiempo y el esfuerzo que tomará para explicarte el concepto.

La nueva unidad se llama *pársec*. Es la distancia de tu sol a un objeto que tiene un ángulo de ***par***alaje de un ***seg***undo* de arco. También tengo que explicar los segundos de arco, ¿no? Está bien. Un segundo de arco es una unidad utilizada para medir ángulos muy pequeños. ¿Has oído hablar de los grados? No de los que miden la temperatura, sino de los que tienen que ver con las formas. Un segundo de arco es una sexagésima parte de un minuto de arco, que a su vez es una sexagésima parte de un grado.

Guau, esta explicación está resultando ser mucho más difícil de lo que pensé. (Eso es lo que llamo encontrarle el ángulo humorístico. Qué agudo de mi parte).

Los astrónomos usan el pársec más frecuentemente que el año luz o los kilómetros, así que lo usaré a partir de ahora para describir distancias. En caso de que te importe (y no solo estés leyendo estos valores como «bla, bla, bla, *número realmente grande*, bla, bla»), un pársec es un poco más de tres años luz. Y para una comparación aún mayor, eso es casi lo mismo que treinta billones y medio de kilómetros.

Aunque tus astrónomos usan los pársecs para citar distancias a objetivos extragalácticos, no recurren al paralaje para

---

* En inglés, segundo es *second*, de ahí ***sec***. (*N. de la e.*)

medirlos. Para ello, necesitamos ir al siguiente peldaño en su escalera de distancias.

Cuando experimentaba con formas nuevas y divertidas de moldear mi gas, como suelen hacer las galaxias jóvenes y sinvergüenzas, pasé por una fase en la que jugaba con la luminosidad o brillo de diferentes objetos. Quería ver qué tan consistentemente podía producir un objeto con una luminosidad determinada, así que creé algunas estrellas que se iluminaban y se atenuaban con el tiempo de una manera muy predecible. También creé varios pares de estrellas que explotarían con una luminosidad específica cuando su material entrara en contacto entre sí. No diseñé ninguna de estas estrellas pensando en ti, pero tus astrónomos todavía las usan para medir distancias a objetivos lejanos. A estos les llaman *candelas estándar*.

Ya que han pasado algunas generaciones humanas desde que los de tu especie dependieran de las velas para iluminar su mundo, lo explicaré usando un foco. Imagina que enciendes un foco en un pasillo largo y oscuro y comienzas a alejarte de él. A medida que te alejas, ¿parece más brillante o más tenue?

Le ruego al cosmos que tu respuesta sea: más tenue.

Sí, aunque el brillo inherente del foco no cambió, su brillo aparente disminuyó a medida que avanzabas por el pasillo imaginario. Eso sucede porque mientras te alejas del foco, su luz se extiende a un área más grande antes de llegar a tus ojos. Tus astrónomos y físicos llaman a esto *ley del cuadrado inverso*. El brillo aparente de un objeto disminuye con el cuadrado de la distancia entre tú y él.

Ahora, con suerte, podrás comprender que si un astrónomo conoce tanto el brillo inherente como el aparente de

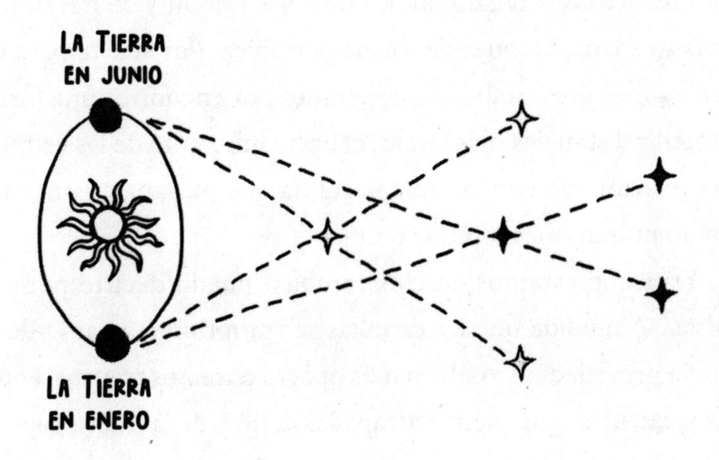
LA TIERRA
EN JUNIO
LA TIERRA
EN ENERO

un objeto distante, podrá calcular qué tan lejos se encuentra ese objeto.

Las dos candelas estándar que tus astrónomos utilizan con más frecuencia son las estrellas variables Cefeidas y las estrellas RR Lyrae. Funcionan de la misma manera, pero las Cefeidas son más brillantes que las RR Lyrae porque evolucionan a partir de estrellas mucho más masivas. Ninguna de ellas debería llamarse candela estándar porque no tienen el brillo constante requerido. Pero los astrónomos humanos no siempre son los mejores en nombrar cosas. En cambio, las estrellas pulsan y se hacen más brillantes y más tenues de forma periódica. Por suerte para tus astrónomos que estaban desesperados por encontrar una forma de medir distancias más largas, el brillo inherente de las estrellas está relacionado con la rapidez con la que pulsan. Cuanto más rápido pulsan, más tenues son.

Y ya que estamos en ello, también puedo decirte por qué pulsan. A medida que las estrellas se comprimen a causa de su propia gravedad, se vuelven más opacas o menos transparentes. Las partículas que quedan atrapadas dentro de la nueva superficie opaca se calientan, lo que aumenta la presión hacia el exterior del gas en la estrella. Esta luego se expande, se vuelve más transparente y se enfría a medida que permite que escapen los fotones. Esto hace que la estrella se contraiga y el ciclo arranque de nuevo. Y debido a que las estrellas más calientes son más brillantes, este pulso de tamaño y temperatura también provoca un pulso predecible de luminosidad.

La primera estrella variable se descubrió en tu siglo XVIII, pero tuvieron que pasar otros 150 años para que alguien se diera cuenta de que el período de variabilidad de una estrella estaba relacionado con su brillo. A principios del siglo xx, una mujer llamada Henrietta Leavitt, que estaba trágicamente subempleada, hizo ese descubrimiento mientras trabajaba como una de las denominadas «computadoras de Harvard». Lo creas o no, ese fue el apodo más cortés dado a las docenas de mujeres que analizaban datos en el Observatorio de la Universidad de Harvard.[6] Leavitt estaba observando algunas de las estrellas Cefeidas de Larry para medir su brillo y notó que tenían un pulso peculiar. Antes de que empieces a pensar que esto hace que Larry sea interesante, cualquiera de mis galaxias satélite habría funcionado en lugar de Larry, ya que todas ofrecen muestras de estrellas que están más o menos a la misma distancia de ti (el tamaño de cualquier galaxia enana es mucho menor que la distancia entre nosotros). Larry solo ofrecía una muestra convenientemente grande de estrellas equidistantes para que la usara Leavitt.

El trabajo de Leavitt abrió la puerta a mayores distancias cósmicas y ayudó a los astrónomos a comprender el verdadero alcance de mi magnificencia. Las Cefeidas como candelas estándar fueron utilizadas para probar la existencia de otras galaxias e incluso la expansión del universo. Es realista decir que el curso de la astronomía humana habría tomado un rumbo muy diferente si no hubiera sido por Henrietta Leavitt y, sin embargo, nadie pensó en premiar su trabajo como se lo merecía hasta después de su muerte. Ustedes son unos tontos.

Ahora, las Cefeidas no son las únicas estrellas que emplean sus astrónomos para medir la distancia. A veces usan las supernovas de tipo 1a como candela estándar. Una supernova es una explosión estelar y, *por supuesto*, los astrónomos las han separado en categorías. Qué cosa tan absolutamente humana. En serio, ningún otro animal llega a tal extremo.

Una supernova de tipo 1a es específicamente una explosión causada por la fusión o el intercambio de material entre dos estrellas que han estado orbitando cada vez más cerca una de la otra durante millones de años. Al menos una de las estrellas involucradas en la colisión debe ser una enana blanca —un pequeño remanente que se está enfriando de una estrella mucho más grande después de que ha dejado de fusionar su hidrógeno para formar helio. ¡Tu propio sol se convertirá en una enana blanca algún día! Pero estarás muerto mucho antes de que eso ocurra.

Es importante que esté involucrada una enana blanca porque se forman a partir de estrellas que han terminado de quemar su hidrógeno. En lugar de explotar, se vuelven increíblemente densas, tanto como para que los electrones en los átomos de la estrella se acerquen demasiado. Esto desencadena un fenómeno llamado *presión de degeneración de electrones*, que empuja hacia afuera contra la fuerza de la gravedad que intenta aplastar a la estrella. En teoría, la presión de los electrones y la gravedad podrían permanecer en equilibrio para siempre. Pero si una enana blanca acumula o reúne material de una estrella compañera, aumentará su masa por encima del umbral de supernova y todo el sistema explotará.

Algunos de tus congéneres tal vez tratarán de convencerte de que la explosión ocurre porque la estrella alcanza el llamado *límite de Chandrasekhar*, por encima del cual gana la gravedad y la estrella se colapsa por su propio peso. Ese límite es 1.4 veces la masa de tu sol. Sin embargo, quienes dicen eso están equivocados, y más te vale creerme, ya que fui yo quien construyó estos sistemas.

También deberías confiar en mí porque algunas supernovas de tipo 1a involucran a enanas blancas con masas por encima del límite de Chandrasekhar. Les llaman *super-Chandras*.

La explosión ocurre alrededor de 1.4 masas solares porque es cuando una estrella comienza a tener suficiente presión para fusionar el carbono en su núcleo. Y cuando ese carbono en llamas se encuentra con el oxígeno que tanto abunda en el resto de la estrella... ¡BUM!

Tardé miles de millones de años en conseguir el equilibrio perfecto de masa y composición química para cada estrella en estos explosivos pares binarios. Fue... un verdadero arte. Y ustedes nada más lo usan para calcular un valor de distancia.

Dado que este tipo de explosiones no necesariamente ocurren justo en el límite de Chandrasekhar, sus luminosidades no son predecibles y técnicamente no son candelas estándar. PERO la luminosidad de la supernova está relacionada con la rapidez con que la explosión se atenúa. Las supernovas más brillantes se atenúan más rápido. Esa relación se puede utilizar para convertir a las supernovas de tipo 1a en candelas estándar.

Sin embargo, antes de que se pudiera confiar en las candelas estándar para proporcionar distancias precisas, debían ser comparadas con distancias calculadas mediante el paralaje. Esta superposición es necesaria entre todos los peldaños de la escalera de distancias para garantizar que cada nuevo método realmente funcione.

Mediante el uso de estas candelas estándar, tus astrónomos lograron rastrear y mapear un mayor número de mis galaxias enanas vecinas, aquellas que son demasiado insignificantes para mi propia existencia como para molestarme en mencionártelas: Phoenix, Carina, Escultor y docenas de otras. Esto les permitió a los astrónomos comprender mejor la forma que tiene nuestro Grupo Local.

Por supuesto que también hay candelas no estándar. Se trata de objetos que no pertenecen a ninguna clase especial de luminosidad constante (como galaxias distantes y energéticos agujeros negros), pero aun así los astrónomos lograron descifrar cuán luminosos son. A menudo, la medición de la luminosidad se basa en modelos capaces de introducir incertidumbre en la ecuación. Pero tus astrónomos están acostumbrados a encontrarse con la incertidumbre. Luego pasan el resto de sus carreras tratando de reducir esas barras de error.

En circunstancias especiales, tus astrónomos también pueden usar las llamadas *sirenas estándar* para determinar distancias. A primera vista, funcionan de la misma manera que las candelas: comparan la cantidad observada de un objetivo con sus propiedades inherentes. Las sirenas utilizadas aquí son fuentes de ondas gravitacionales, es decir, eventos tan energícos que forman ondas por el tejido mismo del espacio-tiempo en el que todos nos hallamos. Las fuentes emiten señales a frecuencias específicas que tus astrónomos a veces llaman adorablemente un *chirp* [pío].

Algunas de estas sirenas y candelas no estándar se han utilizado para medir distancias a objetos fuera del Grupo Local, donde puedes encontrar otros cúmulos de galaxias, algunos incluso más grandes que el nuestro. El más cercano es un grupo que tus astrónomos denominan el Cúmulo de Virgo, el pueblo de junto, por así decirlo. «Pueblo» es un eufemismo, ya que el Cúmulo de Virgo es realmente masivo. Con más de mil trescientas galaxias, el Cúmulo de Virgo es el Manhattan del Grupo Local... ¿o Cleveland? Incluso eso podría ser una comparación demasiado generosa. Pero el hecho de que Virgo tenga más galaxias que nosotros no significa que alguna de ellas sea mejor que yo. Quiero decir, Cleveland tuvo aquel personaje de LeBron James en una época, y aparentemente ha sido el mejor de todos los tiempos.

Más allá de Virgo están Fornax, Antlia, Draco y casi otras cien ciudades galácticas que juntas forman el Supercúmulo de Virgo, llamado así porque el Cúmulo de Virgo se encuentra en su centro. Después de todo, el universo es fractal: es posible encontrar las mismas formas y patrones repetidos en escalas cada vez mayores, desde átomos hasta sistemas planetarios y supercúmulos de galaxias.

Nunca he dejado el Grupo Local porque tengo todo lo que necesito aquí. Y, honestamente, soy el pegamento que mantiene unido a este grupo. Además, si el universo continúa expandiéndose a su ritmo actual, Virgo y los otros cúmulos terminarán por desaparecer de la vista. En este momento, nuestros vecindarios pueden sentirse uno al otro, hablando en términos de fuerza gravitacional, pero de ninguna manera estamos atados el uno al otro.

Tus astrónomos no se sentían satisfechos con limitar su comprensión del cosmos al Supercúmulo de Virgo, y no tenían por qué. Es una de las razones por las que sigo teniendo algún tipo de respeto por tu especie.

Para estudiar objetivos fuera del Supercúmulo de Virgo, tus astrónomos deben determinar qué tan lejos están. Y los primeros peldaños de la escalera de distancias no funcionan para objetos tan alejados. El siguiente peldaño es la regla estándar. Confío en que ya hayas captado cuál es el patrón y sepas que las reglas estándar son objetos cuyo tamaño físico puede determinarse y compararse con su tamaño observado para calcular la distancia.

A menudo, no se utilizan los objetos individuales como reglas estándar. Claro, a veces tus astrónomos intentan usar galaxias individuales de esta manera, pero somos criaturas majestuosas, no ovejas tontas que crecerán hasta cierto tamaño solo porque otras galaxias así lo hacen. En cambio, tus astrónomos muchas veces recurren a las oscilaciones acústicas bariónicas (OAB).

Hmm, no tienes ni idea de lo que eso significa, ¿verdad? En serio, no te considero inferior por eso. Una OAB no es algo que puedas ver con tus tristes ojitos humanos, y no es que tuvieras alguna opción al respecto. Para explicarlo, tendré que usar el zum y alejarme mucho de tu rocoso hogar.

La gravedad puede ser débil (incluso tú puedes superar temporalmente la atracción gravitacional de todo tu planeta flexionando algunos músculos), pero es implacable. Con el tiempo suficiente, la gravedad reúne a la mayoría de las galaxias en cúmulos, los cúmulos en supercúmulos y estos en vastos filamentos de materia que tus astrónomos denominan *red cósmica*. Existen algunas galaxias lo suficientemente desafortunadas como para quedar atrapadas en los vacíos de esta red, como Macy, o como tus astrónomos la llaman, MCG+01-02-015.[7] Sin vecinos en un radio de treinta millones de pársecs, Macy podría ser la galaxia más solitaria del universo. Estoy segura de que ese tipo de aislamiento tiene algunas desventajas, pero, oh, qué no daría yo por pasar unos miles de milenios libre de las expectativas de mis satélites, lejos de esa carrera de locos que implica atascarse de gas y de la presión de tener que luchar contra otras galaxias para sobrevivir.

Pero no tenemos que alejarnos tanto como la red cósmica para ver que hay sobre y subdensidades de materia en el universo. Estos picos y valles ocurren a intervalos regulares a través del espacio, casi como si una poderosa onda se abriera paso a través del universo y recolectara toda la materia regular en la cresta de cada ola. De hecho, cuando el universo era joven, pequeño y lo suficientemente caliente como para que los átomos aún no se hubieran formado, la gravedad trató de agrupar toda la materia. El calor adicional de las partículas densamente envueltas produjo una presión hacia el exterior y el universo quedó atrapado por un tiempo en una danza armónica entre fuerzas opuestas. Todo ese vaivén creó ondas en la materia del universo, y la forma se mantuvo mientras nos estirábamos.

Tus astrónomos sabían de la presencia de la oscilación acústica bariónica gracias a un estudio sensible de galaxias en todo el universo llamado Sloan Digital Sky Survey (SDSS) o Sondeo Digital del Cielo Sloan. Durante veinte años, y utilizando más de 12 mil discos de aluminio[8] para recopilar datos, el estudio midió los espectros de cuatro millones de galaxias, agujeros negros y estrellas. Gracias al SDSS, los astrónomos ahora tienen el mapa 3D más preciso hasta el momento de las galaxias en el universo.

Las ondas que dejaba la oscilación acústica bariónica fueron uno de los primeros descubrimientos acreditados al sondeo en su primera fase. Y ahora tus astrónomos pueden medir la OAB con un margen de error de 1%. Una vez que lograron ver las sobredensidades, pudieron usar las distancias fijas entre ellas como reglas estándar. Las distancias obtenidas de las reglas estándar son tan enormes que ayudaron a tus astrónomos a comprender mejor y con mayor exactitud qué tan rápido se está expandiendo nuestro universo.

Esa misma expansión conduce al último peldaño de la escala de distancias: el corrimiento al rojo cósmico.

Es posible observar el corrimiento al rojo y su efecto opuesto, el corrimiento al azul, en escalas más pequeñas. También pueden escucharse, ya que este efecto Doppler funciona para cualquier señal que viaje como onda. Cuando una fuente de luz se aleja de ti, continúa emitiendo luz, pero esa misma luz tarda un poco más en alcanzarte porque viene de más lejos. Es posible que hayas escuchado a algunos de tus compañeros humanos describir esto como ondas de luz que se estiran, pero eso no es del todo exacto. No hay una fuerza que actúe directamente sobre las ondas de luz. Cada ola subsiguiente solo viaja un poco más lejos para alcanzarte a medida que su fuente retrocede. Tus científicos denominan a este efecto *corrimiento al rojo* porque la luz roja tiene longitudes de onda más largas que la luz azul. Si le das la vuelta a todo esto para que la fuente se mueva hacia ti y las ondas de luz parezcan estar comprimidas, obtienes el efecto que tus científicos llaman *corrimiento al azul*.

El corrimiento al rojo cósmico funciona de manera similar, pero en este caso, en realidad, sí hay algo que estira las ondas de luz. La expansión del universo no significa que las galaxias solo se estén alejando de mí a través de un entorno estático. No, el espacio mismo entre nosotras está creciendo, como la superficie de un globo o la masa para hot cakes cuando se expande. Las ondas de luz atrapadas en ese espacio que están de camino hacia ti o hacia mí también se estiran.

Tus astrónomos pueden medir cuánto se ha estirado o desplazado hacia el extremo rojo del espectro electromagnético la onda de luz de un objeto distante y usar ese valor para calcular qué tan lejos debe estar.

Utilizando corrimientos cósmicos al rojo, tus astrónomos pueden medir distancias a objetos cerca del borde del universo observable. El cielo ya ni siquiera es el límite: lo es la sensibilidad de sus telescopios. Los objetos distantes parecen más débiles que los más cercanos, y los objetos más débiles son más difíciles de observar con sus telescopios. Aun así, tus astrónomos han llevado la tecnología disponible a ese límite y han podido observar galaxias con corrimientos al rojo superiores a 11. El número en sí está divorciado de cualquier significado tangible. Se utiliza para escalar otros valores. Esa galaxia distante, que tus astrónomos han apodado tan creativamente GN-z11 (nunca he tenido el placer de reunirme con ella, así es que no sé qué nombre prefiera) se encuentra a 13 400 mil millones de años luz de distancia. Sí es correcto: mil millones. Tus astrónomos están observando a GN-z11 como era tan solo cuatrocientos millones de años después del Big Bang.

Diré lo siguiente sobre esos astrónomos: han hecho mucho con lo poco que les dieron. ¿Cómo dicen ustedes, humanos? ¿Si te dan limones, has limonada? Bueno, pues en ese escenario, todo lo que hice fue mostrarles una imagen de un limonero y ellos descubrieron el resto.

Cuando aprendiste (si acaso) acerca del método científico siendo niño, es probable que sepas que requiere de experimentos. Pero la verdad, humano, es que algunas ciencias son de naturaleza observacional, no experimental.

Tus astrónomos aún no han determinado cómo construir estrellas en miniatura con las cuales experimentar. No pueden crear grupos de diferentes galaxias y manipular una para ver cómo afecta sus resultados. En cambio, deben trabajar con lo que ya existe. Buscan objetivos que puedan asignar a grupos de control y así crean grupos de prueba a partir de objetos que han sido manipulados por la naturaleza.

Este mismo tipo de ciencia observacional lo puedes aplicar a tu propia vida. He visto la forma en que la mayoría de los humanos intentan resolver sus problemas. Se valen de la fuerza o el engaño para hacer que las cosas les salgan como quieren. O ignoran sus dificultades y esperan que no regresen a, ¿cómo dicen?, morderles el trasero. Sería mucho mejor si pasaran más tiempo observando el mundo que les rodea, prestando atención a la raíz de sus problemas y aprendiendo cómo otras personas han salido de aprietos similares. Así es como, después de todo, los astrónomos lograron expandir sus horizontes hasta el borde del universo observable.

Hablando del borde del universo, cuando los astrónomos se esfuerzan por transmitirles su trabajo al resto de ustedes, queda claro que la inmensidad del espacio hace que muchos se sientan incómodos. El escuchar sobre galaxias a miles de millones de años luz de distancia es un recordatorio de su insignificancia. Y en vez de sentirse motivados por ello, se desaniman.

Sí, en el gran esquema de las cosas, tu vida no tiene sentido. Nunca llegarás a viajar hasta el otro extremo de mí ni ejercerás ningún tipo de influencia en el Grupo Local. Seamos honestos, solo te hablo ahora porque extraño escuchar las historias de tus ancestros y anhelo esa breve satisfacción que me dará si comienzas a contarlas de nuevo. Digo «breve» porque sé que toda tu especie desaparecerá en muy poco tiempo.

Y eso significa que todos los humanos que conoces, y todos los que no conoces, también son insignificantes. Eres solo tan importante como las celebridades, los políticos e *influencers* que mantienen tu mundo en movimiento, es decir, «no mucho». Ninguna decisión que tomes tendrá un impacto significativo en el universo. ¿Acaso no es sumamente liberador saber que tus acciones no importan? Tal vez te importen a ti y a tus compañeros humanos, pero te garantizo que, incluso en tu pequeña escala, la mayor parte de tus elecciones no son tan significativas como crees.

Desearía poder vivir una vida tan intrascendente como la tuya, liberada de algo tan engorroso como la responsabilidad real. Por desgracia, la verdadera libertad siempre me ha eludido.

6

CUERPO

Tal vez haya sido demasiado humilde antes, cuando dije que dejé todas mis responsabilidades en piloto automático. No me gustaría que nuestra conversación te llevara a concluir que no hago nada, porque ser una galaxia todos los días es *agotador*. Además de mantener unida a *toda* esta vecindad de al menos cincuenta galaxias, también tengo que transportar y moldear mi propio gas y supervisar a más de cien mil millones de estrellas. Por suerte para todos nosotros, mi cuerpo está hecho para mover estrellas de aquí para allá.

No esperaría que supieras cómo me veo. Nunca me has visto completa. ¡Oh, pero tantos de ustedes creen que sí lo han hecho! Bueno, me da un enorme gusto informarte que ninguna de esas fotos de mí que has visto son auténticas. Son impresiones de artistas, a pesar de que muchas veces estén basadas en datos. La verdad es que ninguna máquina humana ha salido de mi interior, y resulta imposible tomar una foto de una casa cuando estás dentro de ella.

En términos generales, mi cuerpo tiene tres regiones diferentes: bulbo galáctico, disco y halo.

Comencemos con la parte con la que probablemente estés más familiarizado. Esos dibujos artísticos que has visto de mí hacen un excelente trabajo al acentuar mi disco —la parte plana con mis característicos brazos en espiral—, pero no te muestran todo.

Sería tan fácil si pudiera asegurarte que, de un borde al otro, mi disco mide exactamente treinta kilopársecs (confío en que no te hayas olvidado de los pársecs. Un kilopársec equivale a mil pársecs). Pero no puedo decírtelo porque en realidad no tengo un «borde». Ninguna galaxia lo tiene. Todas estamos hechas de polvo y gas, que no mantienen ni su forma ni su volumen si se les permite vagar sin restricciones. Por lo tanto, aunque soy grande y fuerte y tengo suficiente gravedad como para mantenerme unida, esas partículas cerca de las afueras siempre se están moviendo. Aquello me confunde un poco, pero me gusta.

A tus astrónomos, por otro lado, les resulta frustrante no poder determinar un tamaño exacto, por lo que se han inventado un par de mediciones cuantificables. A veces calculan la longitud de escala de una galaxia, que es la distancia desde su centro hasta donde el brillo es solo $1/e$ del brillo máximo. Esto supone que la galaxia es más brillante en su centro y luego se vuelve exponencialmente más tenue a medida que te mueves hacia su (¡borroso!) borde, lo que es una suposición razonable. Pero no siempre.

Quizá creas que los números deben verse como… bueno, números, ¿no? Sigo olvidando lo ignorantes que son la mayoría de ustedes, los humanos. Pero estoy segura de que han oído hablar de π y saben que representa un número específico. De manera similar, el número *e* —también conocido como el número de Euler, en honor a un matemático suizo que nació *después* de que se descubriera— es aproximadamente 2.72. Al igual que π, encontrarás a *e* en todas partes en la naturaleza, si te tomas la molestia de observarlo: desde el interés compuesto en tu cuenta bancaria hasta la probabilidad de ganar en un juego de azar.

Los astrónomos a veces también calculan el radio de media luz de una galaxia (el radio donde el brillo disminuye hasta la mitad desde su punto máximo) y su radio de media masa (estoy segura que no tengo que explicarte este).

Ahora, si estás dispuesto a aceptar un poco de borrosidad, mi disco tiene un radio de unos 15 kilopársecs, que abreviaré como kpc de ahora en adelante. Tu pequeño sistema solar está a unos 8 kpc de mi borde, por lo cual es como el sistema más común que existe. ¡Felicidades por su mediocridad!

Tal vez creas que el disco es plano, algo técnicamente acertado porque todo el universo es plano, pero no es *preciso*. En realidad, mi disco tiene un grosor de 1 kpc de arriba abajo. Tu planeta está, de nuevo, justo en el centro del eje vertical, aunque ligeramente por encima del plano medio.

Mi disco contiene 70 a 85% de mis estrellas (pueden entrar y salir de mis diferentes regiones a medida que siguen sus órbitas) y ahí es donde yo formo a la mayoría de las nuevas. Las estrellas del disco son las que mejor se comportan, moviéndose en hermosas órbitas circulares alrededor de mi centro. No en círculos perfectos, por supuesto. Hay cierta desviación a la que tus astrónomos llaman *epiciclos* y que se asemejan a un… ¿cómo se llama? ¡Slinky![*] Las órbitas de las estrellas del disco parecen un Slinky muy largo y estirado para formar un círculo alrededor de mi centro, y las estrellas siguen las curvas a medida que orbitan.

Sus órbitas circulares hacen que sean mucho más fáciles de seguir que mis otras estrellas, ya que me permiten predecir en dónde estarán y cuándo. Estoy tan ocupada que es un alivio saber que puedo apartar la vista de una estrella del disco durante algunos millones de años sin preocuparme hacia dónde podría desviarse. Y no es casualidad, es solo la manera como se mueven los discos. Es un pequeño truco del oficio de las galaxias, por así decirlo. Los mejores chefs humanos de pizza también conocen este truco. Tanto las bolas de masa de pizza como las gigantescas nubes de gas tienden a aplanarse cuando giran, ya que la mayor parte del material se colapsa hacia el centro y la aceleración centrífuga lo estira radialmente en el plano de rotación.

Debido a que los discos son mucho más delgados que anchos, la mayor parte de la materia se concentra alrededor de un área plana. Tener tan poco material por encima o por debajo del plano significa que la gravedad opera principalmente en dos direcciones: hacia mi centro y desde mi centro, que es el único lugar al que cualquiera debería querer ir de todos modos. El poco material que existe lejos del plano es lo que provoca esos epiciclos que mencioné. Pero, como no puedo dejar que todas las estrellas vayan hacia mi centro porque se crearía un enorme lío, les di un pequeño giro, literalmente.

---

[*] Se refiere al icónico juguete llamado Slinky, el resorte helicoidal inventado por el ingeniero mecánico estadounidense Richard James y su esposa Betty en la década de 1940. (*N. de la e.*)

Mantengo mi disco girando todo el tiempo para que mi gas rote conmigo, lo que evita que caiga hacia el centro. Tus científicos llaman a esto *conservación del momento angular*. Si tienes un objeto que gira, como un disco galáctico o un patinador artístico humano, supongo, y lo haces más pequeño, necesita girar más rápido. Para una estrella, esto significa que si se desplaza a un radio más pequeño, más cercano al centro, también tiene que orbitar más rápido. Y, ¿quién tiene ese tipo de energía para derrochar? No mis estrellas, aunque a veces intercambien el momento angular entre sí para poder cambiarse de órbita. Pero en su mayor parte, todas se quedan en su carril. Así que la forma de mi disco se mantiene debido a la rotación porque me esforcé para que sea así. Soy excepcionalmente buena en lo que hago.

Al hablar de rotar, sin duda, te estarás preguntando cómo conseguí esos impresionantes brazos en espiral que has visto en todas las fotos. Tengo dos grandes extremidades que se adhieren a mi barra central y giran alrededor de mi cuerpo. Tus astrónomos los han llamado Perseo y Escudo-Centauro. *Yo* los nombré… nada. Porque son brazos. Ni siquiera ustedes, que son muy extraños, les ponen nombres a sus brazos, aunque sí a sus hijos, siempre. Qué extraño.

Pero me hizo tanta gracia cuando a uno de ellos los bautizaron como Escudo-Centauro que me ha dado por llamarlo Scoot.

Perseo y Scoot también tienen varios retoños, que tus astrónomos a veces llaman *espuelas*. Al parecer, sus nombres son Carina-Sagitario (¡¿cuántas veces pueden tus científicos usar ese nombre?!), Norma y Orión-Cygnus. Tu sistema solar está enclavado justo en la orilla de mi brazo de Orión.

Tan pronto como descubrieron mis brazos espirales, los astrónomos comenzaron a preguntar qué los creó y, a lo largo de los años, han llegado a dos hipótesis serias. Así es, incluso yo, un glorioso cuerpo celestial que apenas hace poco comenzó a utilizar el lenguaje humano, conozco la diferencia entre una hipótesis y una teoría.

Una hipótesis dice que, al principio, yo no era más que un disco distribuido de manera uniforme hasta que parte de mi gas se aglutinó, acumulándose en largas y densas rayas que se dispersaron desde mi centro como un abanico. A medida que giraba a través del universo, esas rayas quedaron atrapadas y se torcieron conmigo. El problema con esta pequeña suposición es que mis brazos deberían estar más apretados alrededor de mí de lo que están, ya que he dado tantas vueltas. Tu propio sol orbita mi centro una vez cada 250 millones de años. Con solo 4 500 mil millones de años, ha dado la vuelta completa a mi disco unas 18 veces. Agrega otras cuarenta rotaciones a eso y podrás imaginar lo apretados que estarían mis brazos.

La otra hipótesis es que mis brazos espirales no son, para nada, brazos materiales, lo que significa que no son como cuerdas hechas de gas y estrellas que se mueven juntas mientras las arrastro. En cambio, mis brazos son como embotellamientos de tráfico, pero en lugar de ser causados por la ya caraterísitica lentitud a la hora de reaccionar de los humanos, se deben a una ola de densidad que se mueve a través de todo mi cuerpo. Las estrellas, el polvo y el gas se desplazan más lento cuando quedan atrapados en la ola, por lo que el material se amontona y el área se vuelve más densa, pero aun así se siguen moviendo. Al final, todo en mi disco pasará a través de la ola.

Durante un tiempo, tus astrónomos pensaron que esta hipótesis de ondas de densidad no era precisa porque las ondas de densidad deberían tener una vida relativamente corta: la onda tendría que moverse a través después de solo un par de miles de millones de años y el patrón de espiral se erosionaría. Pero estaban subestimando la fuerza de mi gravedad. La fuerza aplicada por el material que rodea mis brazos los mantiene en forma. Es como una salchicha, pero menos asquerosa y más impresionante.

Hay varias formas diferentes de crear ondas de densidad. Cada galaxia espiral tiene su método predilecto. Por ejemplo, la galaxia Remolino, que vive en otro cúmulo, prefiere el método de las mareas. Esto implica pedirle a algunas galaxias compañeras, probablemente enanas, que orbiten y arrastren algo de gas adentro de un arco.

La galaxia que tus astrónomos llaman NGC 1300 prefiere el método de la barra central. Esto requiere más trabajo, pero crea espirales más simétricas, y toda criatura hermosa sabe que lucir bien requiere esfuerzo. Una barra galáctica es un bloque de estrellas en movimiento en el centro de una galaxia. Por lo general, alberga al agujero negro supermasivo de la galaxia y una densa colección de estrellas, por lo que tiene mucha masa,[1] lo que significa que su atracción gravitacional es muy fuerte. A medida que la barra gira, agrega un impulso resonante a algunas de las estrellas del disco. *Resonancia* significa que los períodos orbitales de los dos cuerpos involucrados son múltiplos enteros entre sí. Por cada órbita de la estrella A, la estrella B orbita exactamente dos, tres o cuatro... veces. En la Tierra, es posible que hayas experimentado esto si alguna vez empujaste a alguien en un columpio o has golpeado un saco de boxeo. Si haces contacto en el momento exacto, incrementarás la altura del movimiento.

La barra de una galaxia es como tu puño, y sus estrellas son como el saco. Si una estrella está en resonancia con una barra, su velocidad aumenta cada vez que su órbita se alinea con la de la barra. Esto sucede todo el camino hasta el borde borroso de la galaxia, pero debido a que el material más cercano al centro a menudo se mueve al menos un poco más rápido que el material exterior, el interno se mueve más rápido que la barra y el exterior se mueve más lento. Entonces, el material interno es empujado delante de la barra, mientras el material del borde se queda atrás. Así es como se obtienen esas hermosas espirales simétricas que ponen celosos a todos los demás.

Pero volvamos a cosas más importantes: yo misma. A veces, los brazos espirales hacen que las estrellas de mi disco se porten mal. Ocasionalmente, usan el «embotellamiento de tráfico», por así decirlo, como excusa para moverse a diferentes radios sin que yo lo sepa. Esto significa que les pierdo la pista. Sin embargo, me aguanto porque mis brazos en espiral son los mejores del vecindario y haré cualquier cosa para mantener esa posición de superioridad. Además, no requieren tanta atención como mis estrellas del bulbo.

En mi centro se halla mi bulbo galáctico; no, no me refiero a eso, psicópata tropocéntrico. Mi bulbo es una colección densa, caótica y, en su mayor parte, esférica de estrellas en medio de todo. Bueno, no *todo*, porque ni yo soy tan narcisista como para creer que en realidad soy el centro del universo. No hay centro del universo. Pero el bulbo está donde se encuentra mi barra; es donde reside el 15% de mi masa: estrellas, gas, polvo y materia oscura; es donde vive Sarge, mi supermasivo agujero negro. A pesar de que esas estrellas del bulbo son una monserga, el bulbo es vital para mí.

Es pequeño en comparación con el resto de mi cuerpo. ¿Recuerdas que mi disco es de 30 kpc de borde a borde? El bulbo tiene solo 2 kpc de ancho en todas las direcciones. Pero debido a que es casi esférico, la gravedad funciona en tres dimensiones en lugar de solo en una, por lo que las órbitas son mucho más complicadas. Algunas estrellas orbitan en elipses, que es al menos solo un círculo extendido. No es difícil seguirles la pista. Pero las órbitas de otras estrellas trazan esas alocadas formas de rosetas, y algunas de ellas se mueven en algo así como un ocho. ¡Y todas requieren tanta concentración!

Aun así, mi bulbo es una parte interesante de mi cuerpo porque es donde están algunas de mis estrellas más antiguas, esas que pertenecen a las pequeñas protogalaxias originales que se combinaron para darme forma. También es donde ocurre la acción más emocionante. Y creo que estarás de acuerdo porque tiene que ver con su incesante búsqueda de vida extraterrestre.

La mayor parte de las funciones biológicas se ven afectadas por grandes cantidades de la radiación más energética, como los rayos X y gamma que no puedes ver. Las fuentes más peligrosas de este tipo de radiación son las explosiones supernova. Sí, humano, como las explosiones que tus astrónomos usan como candelas estándar para calcular distancias. ¡Por fin, estás aprendiendo! Excepto que no solo las supernovas tipo 1a emiten radiación, sino todo tipo de supernovas: las que ocurren cuando las estrellas masivas queman todo el hidrógeno de su núcleo y las que tienen lugar cuando una enana blanca «manosea» a

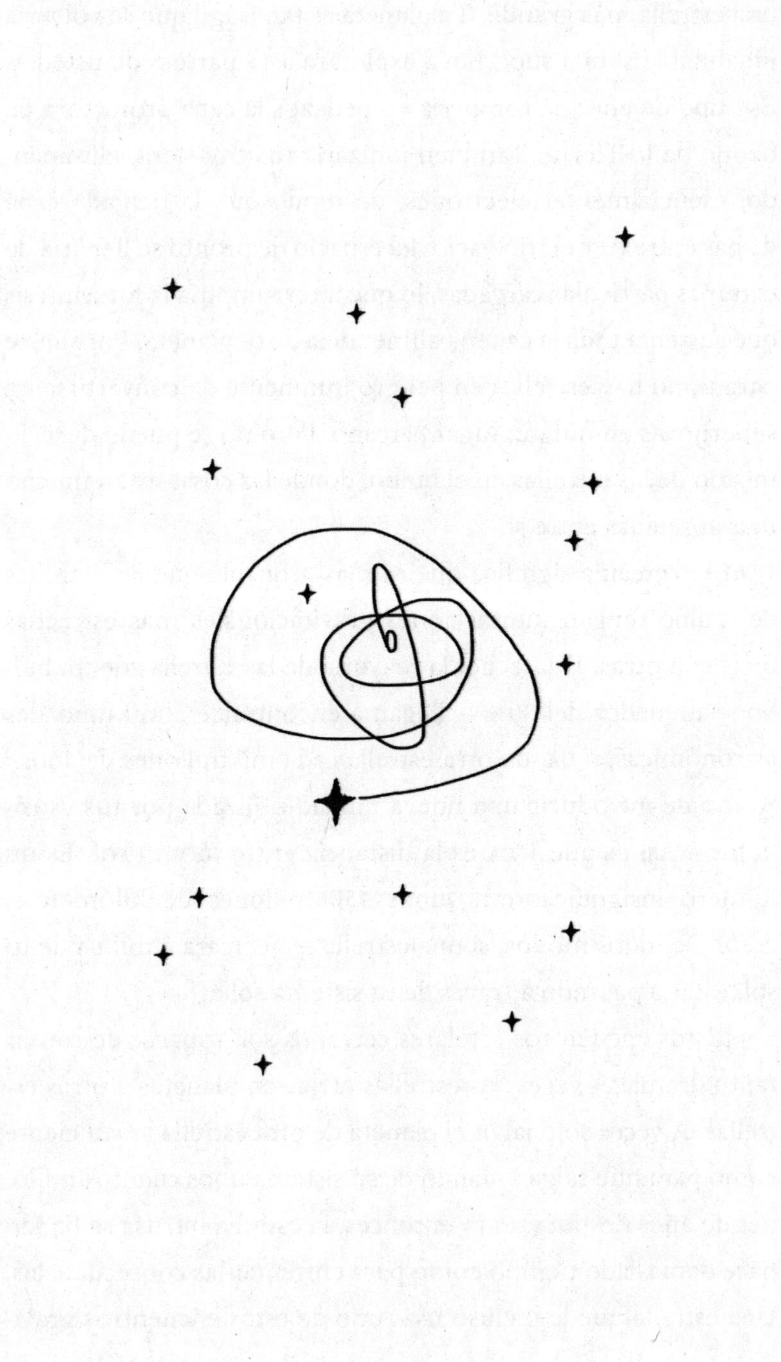

una estrella más grande. Tu planeta es tan frágil que se volvería inhabitable si una supernova explotara a 15 pársecs de ustedes. Ese tipo de energía rompería en pedazos la capa protectora de ozono de la Tierra. También ionizaría tu atmósfera, eliminando, esencialmente, electrones, de modo que la delgada capa de gas entre tú y el frío vacío del espacio de pronto se llenaría de extrañas partículas cargadas, lo que interrumpiría la fotosíntesis que sustenta toda la cadena alimenticia de tu planeta. Por suerte para ti, no hay estrellas en peligro inminente de convertirse en supernovas en ningún lugar cercano. Pero no se puede decir lo mismo de las estrellas en el bulbo, donde las cosas están mucho más apretadas entre sí.

Esa cercanía significa que es más probable que las estrellas del bulbo tengan interacciones gravitacionales más estrechas unas con otras. De hecho, la mayoría de las estrellas de mi bulbo —alrededor del 80%— llegan a encontrarse a mil unidades astronómicas, o UA, de otra estrella cada mil millones de años.[2] Acabo de introducir una nueva unidad utilizada por tus astrónomos. Así es que 1 UA es la distancia entre tú y tu sol. Es un número insignificante... ¿unos 150 millones de kilómetros, creo? De todos modos, si una estrella se acercara a mil UA de tu sol, estaría pasando a través de tu sistema solar.

¡Estos encuentros estelares cercanos son capaces de causar tanto drama! A veces, las estrellas arrancan planetas a otras estrellas. A veces solo jalan el planeta de otra estrella lo suficiente como para que salga volando de su sistema unos cuantos millones de años después. Para entonces, la estrella intrusa se ha ido hace demasiado tiempo como para enfrentar las consecuencias. Una estrella puede incluso usar uno de estos encuentros gravitacionales para evitar que otra estrella forme sus planetas. Este tipo de entorno despiadado no es el más hospitalario para criaturas blandengues como tú.

Algunos de tus astrónomos —sí, es decepcionante que sea un campo tan pequeño— se han interesados en este asunto de la habitabilidad en diferentes partes de mi cuerpo. Hasta ahora, han concluido que mi bulbo no es un lugar ideal para centrar su búsqueda y que el mejor sitio para la vida es donde están. Incluso se encuentran a la distancia correcta de mi centro para orbitarme a la misma velocidad que mis brazos espirales, por lo que no tienes que preocuparte de que uno los alcance y su frágil planeta sea expuesto a ese denso entorno.

La parte más grande pero más tenue de mi majestuoso cuerpo es mi halo, que tiene tres partes superpuestas: materia estelar, circungaláctica y oscura. El componente estelar es un desordenado campo esférico de estrellas y cúmulos globulares[3] que sobraron de interacciones previas con otras galaxias y que se extiende hasta aproximadamente 100 kpc. El halo circungaláctico es una nube de gas cálido que puedo usar para alimentar mi creación de estrellas. El halo de materia oscura es mi «órgano» más extenso y masivo, se podría decir. No le dicen «oscuro» porque sea intrínsecamente malvado o amenazante. De hecho, la materia oscura fue fundamental para todos nosotros al principio. Sin la aglomeración fría de la materia oscura, las galaxias como yo no habrían podido mantener su masa y formar estrellas en el universo primitivo y caliente. No, se llama oscuro porque no interactúa con la luz, y los astrónomos que lo nombraron así no fueron muy creativos. La materia oscura no emite, absorbe o refleja ninguna radiación electromagnética:

la luz. Por lo tanto, debe estar hecha de un material diferente al que puedes ver. Aunque tus astrónomos no saben qué es —y no crean que me van a sacar la sopa—, sí saben lo que es capaz de hacer.

He insinuado antes que la gravedad es la herramienta más valiosa de una galaxia. Bueno, dado que la materia oscura está hecha de un material que interactúa gravitacional, mas no electromagnéticamente, ¡es como un arma secreta! Una herramienta que puede sentirse, pero no verse. Y yo tengo *mucho* de eso. Si crees que mi disco es grande… ¡ja! Mi halo de materia oscura se extiende hasta 600 kpc. Para darte una idea de su masa, soy 1.5 billones de veces más masiva que tu sol. Eso es 3×10^{42} kg. Si de alguna manera pudiera acomodar la totalidad de mi cuerpo en tu planeta (siempre he querido experimentar su aceleración a causa de la gravedad), pesaría alrededor de 6.5×4.5^{42} kilos. Y el 84% de todo eso es materia oscura.

Esto, por cierto, es lo que tus astrónomos quieren decir con esos símbolos Ω_{m}, $_{rel}$, $_{\wedge}$, que tal vez hayas visto si has hecho tu propias lecturas sobre los orígenes de nuestro universo. Esas son las densidades relativas del universo en comparación con la «densidad crítica», es decir, la densidad que, según sus modelos predictivos, significa que el universo continuará expandiéndose para siempre. Hasta ahora, han encontrado que alrededor de 68% de la materia / energía (porque las dos son intercambiables cuando alcanzas el estatus de cerebro de galaxia) en el universo es energía oscura, un término general bastante impreciso para esa fuerza aún no identificada por humanos que está impulsando la expansión del universo. Otro 27% del universo está hecho de materia oscura, y alrededor de 5% es materia bariónica regular como tú. Una diminuta fracción está formada por partículas relativistas que se mueven a la velocidad de la luz o cercana a ella y transportan energía electromagnética. Todo se suma a un número peligrosamente cercano a esa densidad crítica, pero no estoy en la parte de la historia en la que te cuento lo que sucederá si el universo sigue expandiéndose para siempre.

Es una suerte que gran parte del universo esté constituido por materia oscura y que yo tenga tanta (brindemos por esas pobres pequeñas galaxias que tan poca materia oscura tienen),[4] porque mi halo es la razón por la que aún existo. Al principio, unos cientos de millones de años después del Big Bang, cuando nacían las primeras protogalaxias, el universo estaba demasiado caliente para que toda esa materia no oscura o *materia bariónica*, como la llaman tus científicos, se uniera gravitacionalmente. Las partículas de gas se movían tan rápido que habrían superado la atracción gravitacional de los otros bariones. Pero ¿qué habría pasado si algo de material ya más frío se agrupara con mayor facilidad y aún pudiera atraer a las partículas más cálidas? La materia oscura es como un soporte que puedes construir para ayudar a tus plantas a crecer. Así que todos le debemos nuestra existencia a esa materia oscura.

Pero la materia oscura tiene sus inconvenientes.

Como sabemos, las estrellas más alejadas en el disco de una galaxia deberían moverse más lento que las estrellas cercanas debido a la conservación del momento angular. Pero esa simple relación solo funciona si la mayor parte de la masa se concentra en el medio. El hecho de que mi halo de materia oscura sea tan grande y contenga la mayor parte de mi masa afecta las velocidades de mis estrellas exteriores. Se mueven más rápido de lo que se moverían si solo estuvieran reaccionando a la masa del material luminoso... a lo brillante. Se mueven tan rápido, que algunas incluso podrían haber escapado si yo no tuviera tanta materia oscura como la que tengo, que es lo que las mantiene en su lugar. La pendiente de esa relación radio-velocidad, también conocida como *curva de rotación*, depende de la cantidad de materia oscura que tenga la galaxia, y así es como, en primer lugar, tus astrónomos aprendieron sobre la materia oscura.

Los físicos plantearon por primera vez la hipótesis de la materia oscura en 1933, pero no encontraron pruebas hasta 1968, cuando Vera Rubin se dio cuenta de que las estrellas se movían más rápido de lo esperado. Rubin observaba las velocidades de rotación de las estrellas solo porque quería estudiar algo no controversial después de que sus contemporáneos[5] se burlaron o ignoraron su trabajo anterior sobre temas más polémicos. ¡La cantidad de conocimiento humano que se ha visto saboteado por las estúpidas ideas de tu especie sobre qué tipo de ser humano merece atención! Es casi tan ridículo como la idea de que hay diferentes clases de humanos. A pesar de la gran cantidad de obstáculos que le pusieron en su camino, Rubin terminó descubriendo pruebas que redefinieron la astronomía. Encontró la misma tendencia en otras galaxias, demostrando que no se trataba de una casualidad. Esta valiente pionera fue la primera de ustedes en superar su sesgo visual para, finalmente, conocerme entera. Y aun así, no fue sino hasta 2020 que por fin se decidieron a nombrar un telescopio en su honor. Muestren un poco más de respeto la próxima vez.

Entre más materia oscura tenga una galaxia, más rápido rotan sus estrellas exteriores y, como resultado, más «plana» se vuelve la curva de rotación. Pero si una galaxia no tiene mucha materia oscura, no hay tanta masa para acelerar las estrellas, por lo que la curva de rotación tiene una pendiente descendente. Cuando Trin dijo que mi curva de rotación se veía plana, eso fue un insulto a mi peso, como si yo no estuviera orgullosa de la materia oscura que he acumulado. Pero ¿qué te puedo decir? Trin es una maldita mezquina.

El trabajo de Vera Rubin no fue el primer cambio monumental en la comprensión de la humanidad sobre mi cuerpo. Aristóteles vio el rayo de mi disco destellando a través de su cielo nocturno trescientos años antes del nacimiento de su Cristo y me llamó Galaxias, que proviene de la antigua palabra griega para 'leche'. Y ustedes la convirtieron en su moderna palabra «galaxia». Al observar esa pequeña porción de mí, Aristóteles creyó que era el punto donde las esferas terrestres y celestiales se encontraban y se encendían para crear una llama perpetua. Un poco más de mil años después, un hombre conocido por algunos como Ibn Bājja planteó la hipótesis de que la banda de luz que cruzaba el cielo era, de hecho, una colección distante de apretadas estrellas. Esa hipótesis fue confirmada en 1610 cuando un tal Galileo miró a través de un telescopio e identificó las estrellas individuales en la franja a través del cielo: las estrellas de mi disco.

Una vez que los humanos aceptaron la noción de que yo era una colección de estrellas, comenzaron a preguntarse acerca de mi forma. En 1750, un tal Thomas Wright propuso que yo estaba organizada en una capa plana.

Poco después, en 1785, Caroline Herschel y su hermano publicaron el primer mapa de mi cuerpo creado metódicamente por humanos. Mapearon las estrellas que se pueden ver desde la Tierra, pero el método que usaron para encontrar su ubicación era defectuoso. Se basaba en las absurdas suposiciones de que mis estrellas están distribuidas uniformemente por todo mi cuerpo y que sus dispositivos podían ver cada una de mis creaciones estelares. ¡Qué arrogantes! Apuesto a que el mapa habría sido mejor si Caroline no hubiera tenido que perder tiempo para atender a un hermano perfectamente capaz que «trabajaba arduamente».[6] Me parece una versión real de la relación entre Larry y Sammy, en la cual uno de los socios claramente contribuye más que el otro. Es una pena que ustedes los humanos, por lo general, no puedan elegir a sus hermanos. Sin embargo, no olvidemos que Sammy eligió a Larry, por lo que supongo que el amor es un misterio para todos.

Para el siglo XX, los astrónomos humanos estaban de acuerdo en que mi cuerpo era un disco plano de unos veinte mil años luz de diámetro (la palabra «pársec» estaba a punto de ser inventada en 1913 por un astrónomo llamado Frank Dyson)[7] y que tu sol se ubicaba en algún lugar cerca del centro. ¿Alguna vez dejarán ustedes escapar la oportunidad de ponerse en el centro de todo? Un joven rebelde llamado Harlow Shapley había estado usando variables Cefeidas (gracias a Henrietta Leavitt) para mapear *cúmulos globulares* en mi halo. Así denominan los astrónomos a las colecciones de gas, polvo y hasta miles de estrellas que se encuentran unidas gravitatacionalmente dentro de una galaxia. Shapley sacó dos conclusiones de su trabajo. La primera, que mi cuerpo era mucho más grande de lo que pensaban sus colegas, más cerca de los trescientos mil años luz o 90 kpc. Estaba equivocado, por supuesto, pero se redimió con su segundo resultado: su sol está más cerca del borde del disco de la Vía Láctea que de su centro. ¡Al fin!

Shapley había notado que la mayoría de las «nebulosas» distantes estaban agrupadas en una dirección, hacia la constelación de Sagitario, y no distribuidas uniformemente como creía la vieja guardia de la astronomía. Por desgracia, llegó a su acertada conclusión mediante un razonamiento equivocado. Pensó que las nebulosas debían ser parte de mí, porque en su cabeza yo era demasiado grande para que existiera algo fuera de mis límites. Otro astrónomo, de mayor renombre, Heber Curtis, no estuvo de acuerdo con la mayor parte de lo que afirmaba Shapley, sobre todo con aquella que planteaba que yo era lo suficientemente grande para incluir a las nebulosas, pues él creía que eran «universos islas» individuales iguales que yo.

En 1920, Shapley y Curtis fueron invitados por la Academia Nacional de las Ciencias de los Estados Unidos para defender públicamente sus respectivos puntos de vista sobre la arquitectura del universo. ¡Una sala atiborrada de personas se congregó a discutir mi posición en el cosmos! Tus astrónomos lo llamaron *el Gran Debate*, me sentí halagada.

Casi al mismo tiempo, Edwin Hubble, un recién estrenado doctor en Astronomía, se valía de las variables Cefeidas para determinar las distancias a las nebulosas tenues. En 1924, puso fin al debate de una vez por todas cuando descubrió que las estrellas variables, dentro de lo que él conocía como la nebulosa de Andrómeda, estaban demasiado lejos como para encontrarse dentro de mí, lo que confirmó la existencia de otras galaxias.

Un par de años más tarde, publicó su secuencia de galaxias Hubble, también conocida como el *diapasón de Hubble*, con base en sus observaciones de otras galaxias. ¡Qué audacia! Hasta entonces, pensé que Hubble era sorprendentemente aceptable como humano porque aportó al conocimiento colectivo sobre mí. Descubrió que no soy la única galaxia en el universo y luego fue tan odioso como para comenzar de inmediato a categorizarnos y predecir nuestro comportamiento en función de nuestras formas. Supongo que sería injusto seguir enojada con él porque tenía razón. Para las galaxias, la forma es una característica importante que ofrece pistas acerca de nuestro pasado y nuestro futuro.

¡Pero aún le guardo rencor por estar tan prejuiciado al respecto! En realidad no me gustó que un humano dijera que tengo que actuar de cierta manera solo por mi apariencia. Guárdense esa estupidez antropoide preceptiva para su propio planeta. He vivido y trabajado en mi cuerpo durante miles de millones de años, así que sé cómo me veo. Incluso, he pasado muchos milenios comparando mi cuerpo con los de las galaxias que me rodean y, por lo general, estoy bastante satisfecha con mi desempeño. Pero ¿encasillarnos así? Escuché que algunos de ustedes describen ciertos cuerpos como «peras» o «relojes de arena», y apuesto a que no les gustaría que yo comenzara a predecir su comportamiento en función de su figura.

La secuencia de Hubble nos separó a las galaxias en espirales como yo a la derecha, y a galaxias elípticas a la izquierda, con pasos intermedios en medio. Las galaxias elípticas son elipsoidales, como una versión más grande de mi bulbo, por lo que no tienen características fuertes como los brazos espirales. Hubble denominó a las elípticas «galaxias de tipo temprano», y a las espirales, «de tipo tardío», lo cual es lo contrario de la realidad.

Las elípticas a menudo están formadas por galaxias espirales más pequeñas que colisionaron en ángulos inoportunos.

Las galaxias elípticas tienen más estrellas viejas y menos formación estelar que las espirales, por lo que son más frías y tenues. No son comunes en el Supercúmulo de Virgo (ese cúmulo gigante de galaxias del que todos formamos parte), pero son más frecuentes en los centros de cúmulos de galaxias densos que cerca de los bordes. Y estas pobres galaxias, benditos sean sus corazones, no tienen discos, por lo que todas sus estrellas orbitan como las de mi bulbo. No envidio su caos.

Aunque debo tener en cuenta que todos seremos así algún día. Bueno, al menos yo, ya que todos ustedes habrán desaparecido hace mucho tiempo.

Hubble también clasificó a las galaxias espirales en función de qué tan apretadas estaban sus enrolladas espirales. Y entre espirales y elípticas estaban las lenticulares: galaxias con un gran bulbo central y un extendido disco sin brazos espirales.

Hoy en día, además de agruparlas por forma, sus astrónomos también organizan las galaxias según su tamaño, luminosidad, tasa de formación estelar y la fuerza de su agujero negro central. Y si los científicos ven una galaxia que no encaja a la perfección en su pequeño esquema de clasificación, la llaman «irregular».

A pesar de llegar tan lejos en su taxonomía galáctica desde que apareciera el diapasón de Hubble, ¡nombraron un telescopio en su honor! Lo lanzaron al espacio en 1990 y es tan quisquilloso como su homónimo. Sin embargo, admito que hace un buen trabajo. Gracias a ese telescopio, los astrónomos han descubierto que hay cientos de miles de millones de galaxias solo en la parte del universo lo suficientemente cercana como para que puedan verlas. Lo han usado para obtener mediciones más precisas de la velocidad de expansión del universo e incluso para observar la que podría ser la primera luna que su especie ha descubierto fuera de su sistema solar.[8]

El éxito del telescopio Hubble allanó el camino para construir observatorios más grandes y avanzados, tanto en tierra como en lo que en tu planeta se considera como el «espacio exterior», que está a solo unos cientos de kilómetros de su superficie.

El telescopio Kepler que lanzaron en 2009 les abrió los ojos a miles de millones de planetas fuera de su sistema solar. En treinta años, han descubierto casi cinco mil de estos exoplanetas. Los astrónomos afirman que no han encontrado más porque es muy difícil verlos. ¿Sabes lo que en verdad es difícil? Crear, rastrear e inventariar todos los planetas de mi cuerpo, incluidos los miles de millones que nunca has visto. Pero, bueno, estoy a favor de cualquier cosa que te lleve a conocerme realmente.

En 2013, se lanzó un telescopio que lleva el nombre de una antigua diosa que personificaba a la Tierra. Tu Gaia, en su última encarnación, ha producido el mapa más preciso de mis estrellas que tu especie haya creado jamás. Incluye más de mil millones de objetivos, muchos de ellos son estrellas del bulbo, que a ustedes les cuesta ver porque hay mucho polvo en el camino. Gaia incluso rastreó sus movimientos, por lo que ahora tus astrónomos pueden inferir la órbita completa de una estrella, aunque le tomara 250 millones de años completarla, igual que a tu sol. Me habría quedado sin aliento, si es que lo tuviera, la primera vez que me vi representada tan completamente en sus pantallas.

Estaba tan emocionada que, incluso, admito que no es tu culpa que vivas demasiado cerca de mi plano medio como para verme toda claramente. ¡Tampoco es mi culpa! No te puse allí a propósito. Créeme, tengo cosas más importantes de las que preocuparme que cuáles planetas pueden verse sin obstrucciones. Su mundo simplemente tuvo mala suerte, así que tus astrónomos tuvieron que esforzarse más. Y su diligente trabajo los llevó a MeerKAT.

Si el telescopio Hubble me hizo sentir como si me estuviera observando un degenarado con una Polaroid, su telescopio MeerKAT, en Sudáfrica, me convirtió en una modelo profesional posando para el fotógrafo más solicitado. MeerKAT ha proporcionado imágenes impresionantes, sobre todo del glorioso gas en mi bulbo, cerca de Sarge en el centro.

El MeerKAT puede verme con tanta claridad porque mira en la longitud de onda correcta para observar a través del polvo que hay entre tú y mi bulbo. Las ondas de radio pasan por alto lo que estorba. Además, MeerKAT no es un solo un telescopio: son 64 telescopios trabajando juntos. Este método se conoce en tu planeta como *interferometría* porque se basa en el estudio de patrones de interferencia de ondas de luz de diferentes fuentes. Con él, tus astrónomos han construido redes de telescopios tan grandes como la Tierra misma que, incluso, pueden fotografiar el agujero negro supermasivo de otra galaxia. Pero no lo han logrado con el mío. Aún.

MeerKAT me recordó algo que todos deberíamos reconocer: ¡soy súper *cool*! Y hermosa y fuerte y hago bien mi trabajo. No es que no lo supiera, pero esas imágenes eran los tributos que necesitaba después de recibir algunos golpes. Y no me refiero solo a que toda tu especie se haya olvidado de mí durante los últimos trescientos años.

7

MITOS MODERNOS

OK, VALE, no *todos*, no *todos* se olvidaron de mí estos últimos tres siglos. Mi valor sigue siendo reconocido por astrónomos (tanto los que estudian a los de mi especie en cubículos por dinero como los que lo hacen en sus patios por diversión), astrólogos (podrían pensar que me molestan, pero la verdad es que me gustan; me recuerdan a sus anonadados antepasados)[1] y, por supuesto, los *nerds* de la ciencia ficción.

Por lo que entiendo, «nerd» puede ser un cumplido o un insulto. En principio, me refiero a lo primero porque, lo creas o no, son ellos los que han mantenido viva la tradición de mitologizar el espacio.

¿Creías que los mitos eran solo cosas del pasado? Claro que no. Los humanos crean nuevos mitos todos los días sobre las cosas en las que quieren tener fe, como los políticos que cumplen sus promesas o las ideas del multimillonario altruista del momento. En esencia, los mitos son historias en las que Crees (con mayúscula), aunque sepas que algunas (o todas) son falsas. De todos modos, ¿qué significa la verdad cuando choca contra una narrativa que has incorporado en tu identidad? Después de atestiguar más de ochenta años de tradiciones de ciencia ficción, estoy convencida de que tus queridas historias de CiFi deberían considerarse mitos.

Tomemos como ejemplo el mito de la coalición política interestelar, la idea de que existe una vasta red de planetas que operan de acuerdo con reglas estandarizadas. En la mayoría de las versiones de este mito, ya existe una red alienígena que se pondrá en contacto con la humanidad una vez que sea lo suficientemente avanzada en el plano tecnológico, en general, después de desarrollar la posibilidad de viajar más rápido que la luz. Como especie, no tienen evidencia de que esto sea posible, pero han contado esta historia tantas veces que creen en ella. Desean tanto que sea cierto que les urge sacar a la gente de su pequeña roca. Supongo que me gustaría hacer lo mismo si estuviera atrapada en el mismo planeta toda mi vida, pero espero, por bien de ustedes, que las prisas no los lleven a demasiados errores perjudiciales.

No olvidemos el mito de la raza humana unida. Gran parte de su ciencia ficción basada en el espacio tiene lugar en un futuro en el que tanto las cosas que les molestan como sus profundas injusticias han sido rectificadas y suavizadas. Incluso en la década de 1960, una época en la que los humanos de piel más oscura estaban excluidos de la mayoría de los puestos de poder, *Star Trek* se atrevió a imaginar un futuro en el que una mujer negra podría trabajar como oficial a bordo de una nave de la federación.

En sus míticos universos de CiFi, la Tierra, como parte de una federación galáctica, es un planeta donde las partes indelebles de la identidad de una persona no tienen relevancia en su vida. Después de todo, ¿qué importa la diferencia entre unas tontas sustancias químicas como la melanina o los estrógenos cuando estás cara a cara con un alienígena que no puede ni señalar dónde queda la Tierra en uno de tus mapas creados por Gaia? (En realidad, tampoco estoy segura de que muchos humanos sean capaces de señalar la Tierra en un mapa de mi cuerpo, pero supongo que entiendes el meollo del asunto).

A diferencia de la mayoría de los mitos espaciales de antaño, los que hoy cuentan no pretenden explicar cómo *son* las cosas, sino que más bien demuestran cómo les *gustaría* que fueran las cosas. Las historias de ciencia ficción son mitos aspiracionales. Son los sueños de la humanidad acerca del futuro. Y por supuesto, esos sueños fueron inspirados por mí, el único cielo que vela por todos ustedes.

A pesar de lo entretenida y complacida que estoy de formar parte de los nuevos mitos —el método de poner sus historias en pantallas en lugar de compartirlas alrededor del fuego resulta mucho más estimulante—, tengo algunas quejas sobre cómo me han retratado.

En primer lugar, de personaje he pasado a ser un escenario. En vez de una diosa poderosa que te vigila por la noche, ahora solo soy la materia que atraviesas volando en tus elegantes naves. Bravo por inventar nuevos géneros o lo que sea, pero qué lástima que hayan dejado fuera las partes más impresionantes de mí.

Además, la mayoría de los sistemas que sus federaciones míticas suelen describir como ubicaciones en mi cuerpo no existen.

OK, les concedo que la edad de oro de la ciencia ficción humana llegó décadas antes de que los astrónomos crearan los asombrosamente precisos mapas que tienen ahora, pero aun así…

Seguiré con *Star Trek*, no porque sea el peor infractor, sino porque es la franquicia con la que la mayoría de los humanos están familiarizados. Millones de ustedes han gastado colectivamente miles de millones de dólares para mostrar su entusiasmo por ella. Para el resto de ustedes que han apostado por otros universos ficticios y que no diferencian entre Picard y Pickle Rick (la animación es para todos, incluso para las galaxias casi inmortales y omniscientes), les cuento que *Star Trek* ha pasado décadas explorando todos los tipos posibles de interacción entre los miembros de una federación interplanetaria de especies que viven dispersas por todo mi cuerpo y que han delineado en cuadrantes.

¡Cuadrantes! ¡Qué poco práctico! Con un diámetro de 30 kpc y una altura de 1 kpc, soy orgullosamente una de las galaxias más grandes del barrio. ¡Eso significa que uno de mis «cuadrantes» tendría casi 200 kilopársecs cúbicos! Te garantizo que tu pequeño cerebro humano ni siquiera puede imaginar lo grande eso es, ¿y los guionistas de *Star Trek* esperan que los exploradores espaciales expertos lo usen como una especie de indicador de ubicación útil? ¡Decir que algo está en el «cuadrante delta» da muy poca información!

Ahora, no digo que los sistemas de coordenadas galácticas de tus astrónomos sean mucho mejores, pero al menos ellos entienden la importancia de la especificidad cuando se trata de espacios tan grandes como el mío.

Algunos astrónomos humanos utilizan el sistema de latitud-longitud galáctico (designado por b y l, respectivamente).

Tu planeta gira demasiado como para proyectar la cuadrícula local de sus coordenadas directamente sobre mi cuerpo esférico, por lo que la línea de longitud de cero grados —el primer meridiano galáctico, por así decirlo— pasa sobre la línea que va desde tu sol hasta el centro de la galaxia, y la latitud es un ángulo medido desde mi plano medio, al igual que el tuyo se mide desde tu ecuador. Y debido a que el universo tiene tres dimensiones espaciales (más la cuarta dimensión del tiempo que a muchos de ustedes les cuesta comprender), también hay una tercera coordenada que especifica qué tan lejos está el objeto. Esa distancia suele medirse desde mi centro, aunque a veces tus astrónomos la miden desde tu sol. Y, para mi gran frustración, no siempre dicen qué punto de referencia están usando. Me imagino que debe ser doblemente irritante para otros astrónomos que utilizan esas medidas en su propio trabajo.

Luego está el sistema de coordenadas que usa la ascensión recta y la declinación y que compara tu sistema solar con la esfera de un reloj bulboso. La ascensión recta, o AR, es similar a la longitud galáctica, pero se mide en horas en lugar de grados. La declinación consiste esencialmente en una proyección de tu latitud tal como se mide desde el ecuador.[2] Es realmente egocéntrico de su parte usar este sistema. La posición de su sol en este sistema cambia porque se basa en una perspectiva en la que este parece orbitar alrededor de su planeta y no al revés. Esa visión del universo tenía sentido con la información de la que disponían tus antepasados, pero ahora ya saben más.

Estoy segura de que estos métodos son útiles para tus astrónomos y el resto de los humanos que aún tienen que aventurarse fuera de tu sistema solar, pero serían inútiles para comunicarse en toda la galaxia porque dependen mucho de tu posición. Si tu especie se las arregla para durar otros cien millones de años sin destruir todo lo que ha creado, tu sistema solar habrá orbitado tan lejos de tu posición actual (prácticamente hacia el lado opuesto de mi disco), que tendrás que encontrar coordenadas más sensibles.

Aunque los cuadrantes de *Star Trek* son una tontería, al menos sabían que un pársec es una unidad de distancia, no del tiempo. Sí, sí, la serie intentó corregir ese error. Pero todavía no estoy satisfecha.

Mi otra gran queja con la ciencia ficción humana es su tendencia a incluir extraterrestres casi humanoides. Lo hizo *Stargate*, al igual que *Farscape*, *Men in Black*, *Hitchhiker's Guide to the Galaxy*, ¡incluso *Alien*! Puede que los creadores de estos extraterrestres variaran en cuanto a la forma de las cabezas, pero cualquiera que los viera pensaría que todas las formas de vida en el universo tendrían que tener una cabeza, cuatro extremidades y un torso como tú. Como si tu bipedismo a tropezones y tu piel opaca fueran los únicos desenlaces evolutivos posibles. ¡Ni siquiera puedes ver tus órganos internos! Debes meterte en máquinas especiales solo para asegurarte de que todo tu interior funcione adecuadamente. No voy a decirte si hay más vida por ahí afuera, pero si la *hubiera*, no hay manera de que sea casi igual a ti.

Por supuesto, la mayoría de las veces los alienígenas en la pantalla se parecen a ti debido a las limitaciones presupuestarias o al hecho de que una audiencia humana se sentitría menos identificada con personajes no humanoides. Incluso algunos de los *nerds* de la CiFi más defensivos han tratado de explicar la proliferación de características humanas en varios sistemas de intercambio de mensajes ficticios asegurando que una antigua especie humanoide propagó su ADN en etapas tempranas. Eso es inteligente, pero en última instancia menos interesante que si imaginaras especies alienígenas adaptadas a las características de los mundos en los que evolucionaron. Pero ¿qué sé yo acerca de la biología alienígena? Solo contengo todos los mundos alienígenas con los que tu especie siempre ha soñado interactuar. Eso es todo.

Me preocupa que ver a todos esos alienígenas de aspecto familiar en sus rocosos planetas con atmósferas respirables les dé una idea equivocada acerca de lo que hay fuera de su sistema solar. Tengo cientos de *miles de millones* de planetas, cada uno de ellos es una combinación única de características, con sus propios eventos aleatorios, que influyen en todos los caminos evolutivos biológicos. Tengo planetas gaseosos, mundos de agua, mundos de lava, planetas que orbitan alrededor de múltiples estrellas, incluso planetas que no orbitan ninguna estrella. Piensa en lo divergentes que serían cada uno de esos mundos respecto al tuyo. Tal vez te ayude a darte cuenta del error que implica que pongas límite a tu imaginación.

Y ya que hablamos de errores, queda claro que los escritores de ciencia ficción humana no tienen ni idea de qué es una nebulosa. Para ser justos, hasta hace unos cien años, los astrónomos usaban la palabra «nebulosa» para referirse a cualquier punto borroso de luz en el cielo nocturno. Desde entonces, han aprendido que las nebulosas son nubes de gas y polvo más densas que el espacio que las rodea. Hay muchas maneras en las que se forman las nebulosas. Algunas lo hacen cuando nubes de gas más difuso se enfrían y comienzan a condensarse. Otras son áreas de formación estelar activa, como mis propios laboratorios de creación de estrellas. (¿Has oído hablar de la Nebulosa de Orión? Es la más cercana de estas guarderías estelares a tu sol, a solo unos cientos de pársecs de distancia). Otras siguen siendo sitios de explosiones de supernovas, los estertores de la muerte de estrellas masivas.

Las películas y los programas de televisión de CiFi populares en realidad no se preocupan por los matices de las nebulosas. Por alguna razón, más allá de mi casi infalible comprensión, la mayoría de los humanos no consideran que las explicaciones profundas de la dinámica de fluidos galácticos sean entretenidas. Cada nebulosa que encuentran las diversas tripulaciones de naves espaciales parece una gran nube de gas colorida y visible, pero tus débiles ojos humanos no podrían ver una nebulosa real si te encontraras flotando justo en el centro de una.

Las nebulosas son más densas que el espacio que las rodea, pero ese espacio alrededor es *extremadamente* difuso. Solo para darte un punto de referencia: hay como cinco partículas en cada centímetro cúbico (cm^3) de espacio profundo. La nebulosa promedio tiene unos pocos miles de partículas por cm^3 de espacio. Eso puede parecer mucho hasta que lo comparas con la atmósfera de tu planeta, que tiene alrededor de 10^{19} partículas por cm^3. Diez trillones de partículas. Todo embutido en un espacio del tamaño de la punta de tu dedo. ¡Y solo es aire!

Star Trek también se equivocó en eso. Pero con sesenta años de contenido que abarca una docena de series de televisión, tantas películas e innumerables juegos y cómics, estaban destinados a cometer algunos errores. Mientras tú, lector humano, no interpretes esos errores como verdad y los reconozcas como los mitos que son, no tengo ningún problema contigo.

Aunque algunos no entiendan la ciencia pura, es esencial que los humanos sigan creando mitos. Estos te motivan a lograr hazañas que actualmente están fuera de tu alcance, como cuando Arthur C. Clarke imaginó la comunicación por satélite una docena de años antes de que lanzaran el *Sputnik* a la órbita de la Tierra. Los mitos que han contado como ciencia ficción los inspiraron a crear tarjetas de crédito, internet y la Estación Espacial Internacional. Tendrán que seguir contando historias si esperan durar como especie, porque los días de su planeta están contados.

8

DOLORES DE CRECIMIENTO

Has llegado hasta aquí en mi historia, así que supongo que nos conocemos lo suficientemente bien como para que pueda ser honesta sobre cómo he sentido ser tu galaxia estos últimos 13 mil millones de años. Pero no te felicites por haber logrado leer la mitad de este libro. Yo soy la que está haciendo el trabajo difícil y, francamente, humillante, de explicarme ante una criatura corpórea.

Si tuviera que adivinar, diría que lo más difícil acerca de ser un humano es su corta vida. No me refiero a la muerte que ocurre al final —no, saber que vas a morir le da sentido a sus cortas vidas—, sino al hecho de que vean todo como si solo fuera una fotografía.

Antes, cuando sus antepasados solían buscarme para orientarse, antes de que tuvieran telescopios para ver la verdad de las cosas, algunos de ellos notaron que había dos tipos de estrellas: las errantes y las fijas. *Estrella* es un concepto que ha cambiado de significado con el tiempo, al igual que *nebulosa* y *universo*. En este contexto, una estrella es cualquier punto de luz brillante en el cielo nocturno. Las estrellas errantes parecían seguir sus propios caminos a través del cielo según con sus propios patrones individuales, mientras que las estrellas fijas permanecían inmóviles entre sí, incluso mientras giraban alrededor de tu planeta, el que muchos de tus antepasados creían que era el centro de todo.

En realidad, solo una de las estrellas errantes era una estrella: tu sol. Las otras eran tu luna y los planetas que tus débiles ojos humanos alcanzan a ver sin ayuda. Incluso la palabra *planeta* proviene de la palabra griega que significa 'vagabundo'. Según la mayoría de los informes había siete estrellas errantes: el Sol, la Luna, Mercurio, Venus, Marte, Júpiter y Saturno (unos pocos humanos afortunados pueden ver el planeta que llaman Urano sin telescopio, pero no lo suficiente como para que su perspectiva importe aquí). Los humanos de la antigua Babilonia crearon la semana de siete días que usas hoy con base en estos siete cuerpos.[1]

Pero ya estoy divagando. El punto que trato de aclarar aquí es que muchos humanos pensaban que las estrellas distantes eran fijas, inmutables, porque no viven lo suficiente como para verlas moverse. Ustedes no viven el tiempo suficiente como para verme evolucionar. Y eso es francamente terrible para ustedes porque significa que carecen de la perspectiva necesaria para pensar de verdad en algo más allá de ustedes mismos y de su entorno inmediato, pero es *extremadamente* desafortunado para mí porque no me siento *vista*. O escuchada. O apreciada por el trabajo que hago.

Sammy y Larry están tan envueltas la una en la otra y en las estrellas que están haciendo juntas que ya no prestan atención a lo que hago. Trin solo empeora todo. Y Andrómeda... bueno, llegaremos a eso pronto.

Todos los demás se han ido, llevados por la fuerza misteriosa; esta *energía oscura* como tú la llamas, que está impulsando la expansión del universo.

Y eso me deja contigo, así que será mejor que escuches.

Como galaxia, debo hacer un par de cosas para sobrevivir, para crecer. He destrozado más galaxias de las que puedas imaginar para recolectar gas y evitar que me destrocen a mí. Como dije, *tenía* que hacerlo, pero a una pequeña parte de mí también le empezó a gustar, saborear la destrucción. Cualquier cosa para romper la monotonía de milenios de estar sola, ¿o no?

También estoy obligada a producir estrellas. Piénsalo. Una galaxia sin o con poca materia oscura es tan rara que es digna de mención. Los astrónomos humanos incluso han publicado artículos científicos solo para contarse unos a otros que han encontrado una nueva galaxia con menos materia oscura de la que esperaban. Pero una galaxia sin estrellas es inconcebible.

Así que he creado más estrellas de las que podrías contar. Para ello, usé la mayor parte del gas que tenía cuando me formé por primera vez, lo que significa que las estrellas que hago en estos días no son del mismo tipo que solía forjar. Y en los últimos 13 mil millones de años he sentido, no solo visto, que muchas de mis estrellas mueren. Estrellas que hice con mis propias no-manos. Me dolió profundamente, pero tenía que seguir haciéndolas —*tengo* que seguir—, porque ese es el trabajo.

¿Tienes alguna idea de lo que es producir algo cuando *sabes* con seguridad que se va a morir antes que tú? ¿Y que vas a sentirlo mientras sucede porque esa cosa que creaste es, literalmente, una parte de ti? No, no puedo imaginar que lo hagas. Tendré que describirlo a detalle.

Primero, debo decir que morir no significa lo mismo para las galaxias que para los humanos. Ni siquiera usaría la palabra «morir» si sus astrónomos no hubieran comenzado a emplearla en este contexto.

El beneficio de una vida casi infinita es que soy capaz de ver cómo se recicla todo. Las estrellas que mueren generan la siguiente generación de estrellas con los elementos pesados que produjeron en sus núcleos. Las galaxias que se desgarran desencadenan la formación de más estrellas a medida que luchan por sus vidas. Mientras las partículas tengan la posibilidad de moverse e interactuar, nada en el espacio muere realmente. Así que cuando hablo del dolor de sentir que mis estrellas mueren, de lo que en realidad estoy hablando es del dolor de la culpa y el fracaso. Estoy segura de que has sentido ese dolor, y probablemente lo volverás a sentir, pero ningún fracaso tuyo podría compararse jamás con los míos, que han sido recurrentes durante miles de millones de años.

Las primeras estrellas del universo estaban compuestas de hidrógeno y helio, los primeros elementos creados después del Big Bang, mucho antes de que yo naciera. Pude verlos, tenerlos dentro de mí, aunque yo no los creé. O si lo hice, no lo recuerdo. Para mí, las estrellas eran perfectas. Eran puntos brillantes en la cálida oscuridad, y quería hacer algunas por mi cuenta. Todavía no sabía que las estrellas podían morirse.

Para mí no era obvio cómo hacer una estrella y el universo no proporcionaba ningún tipo de manual, así que tuve que improvisar. Hice un balance de lo que tenía, que no era mucho

al principio —en su mayoría solo gas, un poco de polvo y, por suerte, suficiente materia oscura para mantenerme unida— y empecé a experimentar.

Mediante ensayo y error descubrí que si apretaba suficiente gas en un espacio lo suficientemente pequeño comenzaba a brillar. Si usaba muy poco gas, la temperatura y la presión no eran lo suficientemente altas como para desencadenar la reacción de fusión en el núcleo que suministra la energía que lo hace brillar. Dado que nunca has sido testigo de la fusión, y mucho menos la has iniciado, supongo que debería decirte cómo funciona. Por lo general, explicar las minucias con alumnos tan decepcionantes sería una lata, pero me emociona compartir esto, lo primero que yo aprendí a hacer, con alguien más, aunque sea un humano.

Comencemos con el hecho de que tus científicos humanos han identificado cuatro fuerzas fundamentales que ellos creen que explican todas las interacciones básicas de partículas en la naturaleza. Tal vez haya más, pero eso lo sé y tu especie lo deberá descubrir. O no. La primera fuerza es la gravedad, con la que espero que estés al menos algo familiarizado, ya que es la fuerza que evita que salgas disparado de tu pequeña roca mientras gira y se mueve por el espacio. La gravedad es, por mucho, la más débil de las fuerzas, y también es la única que tus científicos no pueden explicar con una partícula en su modelo estándar de física de partículas. ¿Coincidencia? Podría ser. Pero tal vez no.

La segunda fuerza es el electromagnetismo, que dicta cómo las partículas cargadas interactúan entre sí: las cargas iguales se repelen y las cargas opuestas se atraen. Dada tu ínfima educación humana, es probable que hasta aquí llegue tu conocimiento de las cuatro fuerzas, ¡y ninguna de las mencionadas siquiera es responsable de la fusión nuclear!

Hay una tercera fuerza que los científicos humanos llaman *fuerza nuclear débil*, que es la responsable de la descomposición radioactiva de los átomos. Por ejemplo, la fuerza débil es capaz de convertir un neutrón en un protón cambiando el sabor de uno de los quarks de la partícula. Ni siquiera preguntes. No tengo tiempo para explicarte los quarks. Son demasiado pequeños y hablar de ellos hace que me duela la cabeza, si la tuviera, por lo que tendrás que aprender sobre ellos tú mismo o esperar a que un protón también elija escribir una autobiografía.

La cuarta fuerza, la llamada *fuerza nuclear fuerte*, es la que es importante para la fusión nuclear. También es responsable de mantener juntos a los protones y neutrones en el núcleo de un átomo. Aunque esta es por muuuucho la más fuerte de las cuatro fuerzas (6 duodecillones, o 6×10^{39} veces más fuerte que la gravedad), funciona solo en las escalas más pequeñas. Los átomos deben estar extremadamente cerca uno del otro para que la fuerza fuerte supere la repulsión del electromagnetismo, tan cerca que solo ocurre de forma natural en los núcleos densos y calientes de las estrellas. Es casi como si cada átomo sostuviera un pequeño cayado que usa para engancharse a otro átomo, pero solo si se acercan lo suficiente como para unir los ganchos.

El proceso de fusión casi podría calificarse como traumático para los átomos involucrados. Sus núcleos primero se rompen antes de poder combinarse en un nuevo átomo que es más pesado que los dos átomos iniciales, pero más liviano que la suma de sus masas. La masa faltante se convierte en energía, y *eso* es lo que hace brillar a mis estrellas.

Los humanos pudieron determinar cómo actúa la fusión nuclear hasta principios del siglo xx. Son al menos doscientos mil años de tratar de entender qué hace que las estrellas brillen. Y ten por seguro que lo *estaban* intentando. Me tomó menos tiempo *hacer* mi primera estrella, pero hacerla es solo el primer paso.

(Bueno, en realidad, el verdadero primer paso es enfriar suficiente gas para poder aplastarlo y darle forma, pero eso es como decir que el primer paso para preparar la cena es reunir los ingredientes. Eso es tan obvio que no debería ser necesario mencionarlo en la receta).

Aprendí que las estrellas requieren un delicado equilibrio entre la atracción de la gravedad y la presión que las expulsa. Tus astrónomos lo llaman *equilibrio hidrostático*, un término que, estoy convencida, solo habrían elegido si no quisieran que entendieras lo que está pasando. La gravedad proviene, por supuesto, de toda la masa cerca del interior de la estrella, pues jala en tándem cada partícula de gas individual que está más cerca del borde. La presión proviene de las partículas que se mueven dentro de la estrella, alimentadas por la fusión ardiente que ocurre en el núcleo. Cambios mínimos en la temperatura, densidad o velocidad de fusión pueden desequilibrar la estrella y provocar una reacción cataclísmica. De esta manera, maté muchas estrellas en esos primeros eones, pero fueron bajas aceptables en el camino hacia la comprensión. Ya estoy en paz con esas pérdidas.

También llegué a la conclusión de que es mucho más sencillo hacer estrellas en tandas.[2] Tal vez esto sea obvio para ustedes como humanos, ya que su brevedad requiere eficiencia. Es por eso inventaron la línea de montaje, después de todo. Yo tenía todo el tiempo del universo para hacer estas estrellas, así que no me preocupaba ser rápida, pero tampoco quería que mis nuevas estrellas se sintieran solas. En lugar de colapsar pequeñas nubes de gas para hacer estrellas individuales, comencé a colapsar nubes de gas gigantes para formar cúmulos de unas mil. Con suficiente tiempo, la mayoría de estos cúmulos se romperán mientras orbitan a través de mi disco. Estos son los cúmulos abiertos de tus astrónomos y son distintos de los cúmulos globulares, que tienen más estrellas y suelen ser más viejos. Eso se debe a que muchos cúmulos globulares ni siquiera fueron creados por mí, sino que son los núcleos restantes de galaxias que devoré hace mucho tiempo. La atracción gravitacional entre estrellas en cúmulos globulares los mantiene unidos durante largos períodos. No puedo culparlos. Si otra galaxia de alguna manera lograra vencerme en la batalla, esperaría que las estrellas de mi bulbo también se mantevieran juntas.

Después de varios miles de millones de años de experimentos estelares, las estrellas seguían muriendo a pesar de todo lo que había aprendido. No todas, pero sí las suficientes como para sentir que todo era culpa mía, como si hubiera cometido un error fatal en mi creación. Volví a mi tablero de dibujo metafórico para diseñar mi siguiente serie de experimentos (las galaxias no tienen pizarrones, cuadernos de notas ni hojas de cálculo para realizar un seguimiento de nuestra manera de pensar como lo hacen tus científicos. Estamos obligados a *recordar* cosas).

Pasé por un período de rápida formación estelar, creando estrellas más rápido que nunca con la esperanza de encontrar la fórmula ganadora, la combinación correcta de masa y metales que harían una estrella inmortal. Solo puedo describir ese período de mi vida como un episodio maníaco. Los astrónomos humanos que estudian mi pasado han notado que este estallido ocurrió hace unos ocho mil millones de años. También reduje significativamente mi tasa de producción justo después de eso. En otras galaxias, esta caída en la formación estelar —un proceso *de extinción*, como lo llaman sus astrónomos— ocurre cuando la galaxia ya consumió todo su gas y no tiene forma de obtener más. Esto es común en las viejas galaxias elípticas que ya se han tragado el gas disponible. Es obvio incluso para los científicos humanos que esto no es lo que me sucedió a mí, porque con el tiempo, hace unos mil millones de años, recuperé mi tasa de formación estelar. (Y debería ser obvio para ustedes que no dejé de hacer estrellas entre los dos estallidos porque su propio sol tiene casi cinco mil millones de años).

Los astrónomos tienen sus conjeturas sobre lo que extinguió mi formación estelar. Algunos creen que mi disco estaba tan caliente por la radiación proveniente de estrellas de baja masa esparcidas por él, que las nubes de gas no pudieron enfriarse lo suficiente como para formar nuevas estrellas. Otros sostienen que mi barra central —un gran bloque de estrellas cuyas órbitas mantienen un bloque de masa giratoria que parece sólido— barrió todo el gas y lo acumuló para que no se formaran más estrellas (aunque no le atribuyen tanta influencia en sus explicaciones).

Todos están equivocados, por supuesto. Simplemente dejé de hacer estrellas porque estaba deprimida. *Estoy* deprimida, ya que eso no es algo que en verdad desaparezca. Es algo con lo que aprendes a vivir. Y si eres una galaxia como yo, vivirás con depresión durante mucho tiempo.

Después de haber realizado miles de millones de experimentos (variando la masa, la composición e incluso la ubicación de las estrellas), me di cuenta de que cada una de mis estrellas estaba destinada a morir de una forma u otra. No solo había fallado en crear la estrella inmortal que deseaba, parecía que también había fallado en identificar un esfuerzo científico sólido y razonable. Mi trabajo no tenía sentido y necesitaba tiempo para revolcarme en ese dolor.

Ahora sé y tus astrónomos también lo saben que casi todo sobre la muerte de una estrella se puede predecir si sabes solo una cosa acerca de ella: su masa.

Según mi estimación, las estrellas de masa baja experimentan la más lenta y silenciosa de las muertes, es más como un gemido que un estallido, y los astrónomos están de acuerdo. Puede tomarles billones de años fusionar todo su hidrógeno en helio, por lo que nunca he visto morir una, pero puedo hacer una conjetura fundamentada. Estas estrellas de masa baja solían ser mis favoritas. Pensé que eran triunfos, pero saber ahora que solo estoy retrasando el dolor inevitable es insultante. Pero al menos ganaré tiempo al final.

La precisión es importante aquí. Por «masa baja», me refiero a estrellas entre el 10 y el 50% de la masa de tu sol con temperaturas entre 2 500 K y 4 000 K. Los astrónomos las llaman *estrellas tipo M* o *enanas rojas*,[3] y son el tipo más común en mi cuerpo. Los que han contado estrellas de diferentes masas notaron que las más masivas son menos comunes. A la distribución de masas estelares le llaman *función de masa inicial* (FMI), pero no todos están de acuerdo en cuál es la función o si hay una universalmente «correcta». Si alguna vez quieres causar alboroto entre tus astrónomos, párate en un planetario lleno de gente y afirma que la FMI de Kroupa es mejor que la de Salpeter. La mayoría no podrá evitar gritarte su opinión.[4]

Hago más enanas M que cualquier otro tipo de estrella porque sé que durarán más, aunque también sé que no producirán elementos pesados ni devolverán gran parte de su gas para usarlo más adelante. Son egoístas, pero me gustan.

Para explicar *por qué* las enanas rojas no producen elementos pesados, debemos observar otra faceta de mis experimentos estelares, una centrada en cómo transferir el calor. La mayor parte de la energía de una estrella se produce en su núcleo, ¿recuerdas? Pero yo quería construir una estrella que fuera caliente y brillante por todos lados, así que tuve que descubrir cómo mover el calor de una parte de la estrella a otra.

El calor se puede transferir de tres maneras diferentes:

- CONDUCCIÓN: es la transferencia de calor a través del material en contacto directo, como cuando te quemas tus delicadas manos humanas con… bueno, cualquier cosa que esté caliente, en realidad. Deberías haber evolucionado para tener una piel más gruesa.
- CONVECCIÓN: es la transferencia de calor a través de un fluido, como cuando hierves agua porque necesitas… preparar comida, supongo. Intento no pensar en cosas que sean repugnantemente corpóreas.
- RADIACIÓN: en este contexto, significa emitir ondas electromagnéticas capaces de transportar energía a través de

> cualquier medio, incluso el vacío del espacio. La radiación térmica es la razón por la que los humanos listos puedan usar lentes infrarrojos para espiar a otros por la noche, que es cuando deberías prestarme atención.

Aprendí pronto que la conducción no es tan efectiva en las estrellas. Verás, las estrellas están hechas de plasma y gas, que son fluidos (como los líquidos, pero las estrellas no son húmedas), y si alguna vez has hervido una olla de agua, sabrás que la convección es mejor para mover calor a través cosas que fluyen. La radiación, un proceso en el que se generan fotones de baja energía para transportar calor a través de cualquier medio, incluido el espacio, también funciona.

Las enanas rojas son especiales porque transfieren todo su calor por convección. A medida que las gotas calientes de plasma se alejan del agitado núcleo, se encuentran rodeadas de material más frío. La gota caliente puede entonces expandirse y empezar a flotar hacia las capas exteriores de la estrella aún más rápido. Al mismo tiempo, gotas de gas más frías en la superficie se contraen y caen hacia el núcleo. Este ciclo continuo de movimiento mezcla el material de la estrella y evita que el helio se asiente en el núcleo, pero también transporta hidrógeno de las capas exteriores de la estrella hacia su centro. Esta innovación mía convirtió a las estrellas M en los hornos de hidrógeno más eficientes que había creado. Con el tiempo, la mayor parte del hidrógeno se fusiona en helio, pero las enanas M no son lo suficientemente masivas como para crear las condiciones de alta presión que desencadenan el siguiente paso en el proceso de síntesis nuclear: la fusión de helio para crear carbono.[5]

Sin fusión para generar presión hacia el exterior en su núcleo, la gravedad gana y la enana roja se desinfla sobre sí misma. Ya te dije que el equilibrio hidrostático era delicado. Lo que queda se llama *enana blanca*, y lentamente irradiará su calor hasta que esté demasiado fría como para brillar y ya no sea digna de mi atención.

Algún día, dentro de muchos miles de millones de años, ya no me quedará gas para crear nuevas estrellas. Las masivas morirán y yo me quedaré solo con las enanas. Anticipo que será un momento solitario, pero falta mucho tiempo, incluso para mí.

Mientras tanto, continuaré sintiendo que las estrellas como tu sol experimentarán sus aburridas y anticlimáticas muertes. Estas estrellas, que tus astrónomos *deberían* llamar «estrellas de tipo-G» (esa es la clasificación oficial, pero ustedes, los humanos, insisten con demasiada frecuencia en llamarlas «similares al sol», como si su sol fuera lo que todas las estrellas de tipo-G quisieran ser), tardan unos diez mil millones de años en quemar todo su hidrógeno.

A diferencia de las enanas rojas totalmente convectivas, las estrellas de tipo-G tienen un núcleo radioactivo rodeado por una capa convectiva, que fue difícil construir. No solo es que cada capa tiene su propia densidad promedio, con capas externas menos densas que las internas, sino que también cada una tiene sus propios gradientes de densidad. La capa radioactiva de una estrella de tipo-G es tan densa y tiene un gradiente tan pronunciado (lo que significa que el cambio de densidad en toda la capa es extremo) que la convección no es posible. Las gotas que se alejan del núcleo resultan ser mucho más densas que su entorno, por lo que vuelven a caer hacia el centro antes de alcanzar las regiones exteriores de la estrella. Sin convección, la única forma de transferir calor a través de esta capa es la radiación electromagnética. En otras palabras, los fotones de luz transportan calor del núcleo hacia la capa más externa, que es lo suficientemente difusa como para que ocurra la convección. A diferencia de sus contrapartes más ligeras, las estrellas de tipo-G pueden generar las condiciones adecuadas para producir elementos más pesados como el carbono y el nitrógeno.

Cuando una estrella de tipo-G fusiona todo el hidrógeno en su núcleo, al prinicipio es demasiado fría para quemar helio. Al carecer de la presión de radiación que empuja hacia afuera de la fusión para mantener el equilibrio hidrostático, la estrella comienza a contraerse, pero a medida que aumenta su densidad, también lo hace la temperatura. Luego, la estrella se calienta muy rápido, lo suficiente como para fusionar helio en berilio poco antes de que el nuevo átomo se combine con otro helio para formar carbono. Posteriormente, como un humano que recibe oxígeno después de casi ahogarse, la fusión hace que la estrella comience a expandirse. Esto sucede varias veces más durante los siguientes mil millones de años a medida que la estrella quema elementos cada vez más pesados. Los astrónomos humanos llaman a estas estrellas G expandidas *gigantes rojas*.

Tu sol se inflará hasta alcanzar la fase de gigante roja en unos 4 500 millones de años. Es probable que para entonces los humanos hayan desaparecido desde hace mucho, eliminados por otro de los eventos de extinción masiva de tu planeta. Lo creas o no, eso es algo bueno, porque si te quedas, probablemente, serás abrazado (y abrasado) por la envoltura ardiente del sol a medida que se expande en tu sistema solar.[6] Te desearía buena suerte o que estuvieras en una de mis «estrellas fugaces» —que ni siquiera son estrellas, solo meteoritos—, pero en realidad no te haría ningún bien.

Después de que (probablemente) destruya todo tu planeta, tu sol, como otras estrellas de tipo-G, usará su viento estelar de partículas cargadas para desprenderse de sus capas externas. Esto es genial de ver. La primera vez que lo presencié, creí que sería el gran final de la estrella, pero no lo fue. El núcleo que queda después de que la estrella se desprende de su voluminoso exterior se derrumba sobre sí mismo para formar… (redoble de tambores, por favor) ¡una enana blanca!

Las muertes de estrellas de tipo-G pueden ser decepcionantes, pero las estrellas masivas tienen muertes en verdad catastróficas, y estas son las fallas más difíciles de soportar para mí. También se me dificulta escribir sobre eso, pero haré lo mejor que pueda (que, para todos los efectos, también es *lo* mejor).

«Masivo» es una palabra peculiar porque es relativo. Una estrella con diez veces la masa de tu sol es masiva para tus estándares, pero no lo sería si vivieras alrededor de una estrella cuya masa es cien veces la de tu sol. Eso es totalmente hipotético, por supuesto, porque estas estrellas súper masivas apenas sobreviven el tiempo suficiente como para formar planetas, y mucho menos sustentar vida el tiempo suficiente para que esta se vuelva —y seré generosa aquí— inteligente. Solo viven diez millones de años y luego mueren. También emiten rayos ultravioleta y gamma que parecen hacer cosas malas en sus frágiles cuerpos humanos, por lo que no durarían mucho si tu especie lograra desarrollarse allí de todos modos.

Los astrónomos humanos han evitado este problema de relatividad al abandonar los matices en el extremo más pesado de su esquema de clasificación estelar. Así como las ondas de radio son la gran categoría general para todas las longitudes de onda superiores a un milímetro, estas llamadas *estrellas de tipo O*, o *gigantes azules*, representan todo lo que tenga más de 15 veces la masa de tu sol. Son lo suficientemente calientes (casi 30 000 K) como para desatar la fusión de helio en sus núcleos a pesar de tener una capa de convección interna rodeada por una capa radioactiva externa, lo opuesto a las estrellas de masa intermedia.

¿Será posible que tus astrónomos hayan agrupado una gama tan amplia de masas en una sola categoría porque las estrellas de gran masa son tan raras? Si es así, es probable que sea mi culpa. Las estrellas masivas son difíciles de hacer, y tienen finales infelices tanto para mí como para la estrella.

Las estrellas más masivas que he creado tienen un tamaño de entre 150 y 200 masas solares. He hablado con otras galaxias y en caso de que pudieran formar estrellas más pesadas, lo mantienen en secreto. Dado que las galaxias no somos propensas a los secretos, debido a nuestra larga vida y a que las mentiras tienen la mala costumbre de acumularse y descubrirse, estoy segura de que las estrellas no pueden ser mucho más grandes que eso. Cualquiera que diga que necesita algo más grande solo está tratando de compensar algo.

Hubo un tiempo, hace unos miles de millones de años, cuando Trin trató de convencer a todos de que era *totalmente* posible hacer una estrella de trescientas masas solares.

Da igual. Todos sabemos que Trin está llena de gas caliente. Es difícil mantener el equilibrio hidrostático en algo que pesa más de doscientas masas solares. Eso puede parecerte contradictorio, que la gravedad se pierda a medida que una estrella se vuelve más masiva. La gravedad es la más débil de las fuerzas fundamentales, ¿recuerdas? La presión de la radiación, en especial la de la radiación electromagnética en forma de fotones, se vuelve demasiado fuerte en masas altas. Uno de tus científicos humanos descubrió esto sin la ayuda de experimentos prácticos hace casi un siglo, aunque estaba más centrado en el límite superior de la luminosidad o en el brillo de una estrella que en la masa, pero los dos están estrechamente relacionados. Su nombre era Arthur Eddington, nombrado *sir* a pesar de que nunca peleó en ninguna batalla por principio. Como estoy obligada a la destrucción, debo respetar su firmeza.

Si esperas que una estrella de 15 masas solares muera de la misma manera que una estrella de cien masas solares, entonces claramente no has estado prestando atención. ¡Las diferencias de masa importan! Importaban cuando se trataba de una diferencia entre 0.5 y 1, e importan cuando es una diferencia de entre 15 y 100. Es posible que no todas las estrellas masivas mueran de la misma manera, pero todas hacen la misma parada en su camino hacia la muerte, y esa parada es una explosión supernova. Específicamente, es lo que tus astrónomos llaman una *supernova de tipo II*, porque a los humanos realmente les encanta categorizar las cosas.

Cuando una estrella de tipo O está lista para morir, habrá fusionado todo el hidrógeno en su núcleo en helio, que a su vez se fusionó en carbono, luego nitrógeno, oxígeno, silicio y finalmente hierro. Estos elementos se forman en capas con el hierro en el centro y el hidrógeno en la superficie. Los átomos más grandes que el hierro son demasiado grandes para que la poderosa fuerza nuclear se haga cargo y ayude en la fusión nuclear, por lo que se deben crear elementos más pesados en eventos más cataclísmicos, como las colisiones de estrellas de neutrones.[7]

Cuando ya no hay en el núcleo más silicio para fusionarse en hierro, el equilibrio hidrostático se rompe y la estrella colapsa. Esto deja demasiada materia apretada en un espacio denso, por lo que la estrella explota. Podría considerarse algo hermoso. Pero hay que recordar que la belleza engendra dolor.

La explosión lanza todos esos elementos pesados hechos por la estrella O hacia el medio interestelar, el lugar entre las estrellas. Es decir, hacia mí misma. Yo puedo usar esos elementos pesados para crear futuras estrellas ricas en metales. Así que la estrella de tipo O es la menos egoísta de todas.

Como dije, la supernova es una parada en el camino hacia la muerte, no la muerte misma. Los tipos O de baja masa —mira, todo es relativo— dejan densos remanentes que tus astrónomos llaman *estrellas de neutrones*. Supongo que es un nombre razonable porque estos núcleos sobrantes son tan densos que todos sus protones y electrones se combinan para formar neutrones. También producen neutrinos, pero ¿realmente te importa qué son? A mí no.[8] Una estrella de neutrones, sin embargo, es tan densa como si tu sol estuviera comprimido al tamaño de una de tus ciudades. Cualquier ciudad servirá, excepto Los Ángeles, que es demasiado grande para mi gusto.

Las estrellas más pesadas dejan restos aún más densos: agujeros negros. Son objetos tan masivos y tan pequeños que solo puedes alejarte de ellos si te mueves más rápido que la velocidad de la luz. Son tan ineludibles como la muerte, los impuestos y los espectáculos de comediantes de *stand up* aficionados.

Durante 13 mil millones de años, he estado creando estrellas y esperando que mueran, algunas más gloriosamente que otras. En el camino, tuve que aprender con mis experimentos estelares que las estrellas más ligeras como las enanas M viven más tiempo, pero las más pesadas, como las estrellas O, le devuelven más al sistema.

Pero todas son preciosas para mí, independientemente de su clasificación, el sistema de tipo M, G y O. Este esquema que me he dignado a usar fue desarrollado por una humana llamada Annie Jump Cannon, quien dividió las estrellas que observó en siete categorías diferentes según la temperatura de su superficie. De más caliente a más frío (que también es de más a menos masivo); son O, B, A, F, G, K y M. Y lo hizo mirando líneas garabateadas mientras trabajaba al comienzo de tu siglo xx, cuando tu especie infravaloraba las contribuciones de las mujeres. ¡Para no variar!

Estos modelos espectrales se mapean en un cierto tipo de gráfico que los astrónomos humanos modernos aprenden a usar al principio de sus carreras (y luego lo mencionan una y otra vez…). Este gráfico, el diagrama de Hertzsprung-Russell, llamado así en honor a los dos científicos que, por separado, lo concibieron de una forma u otra, representa gráficamente el brillo inherente de las estrellas frente a su tipo estelar definido por el esquema de Cannon. Es una forma muy inteligente de presentar los datos para que a un humano le sea posible detectar fácilmente cualquier patrón, porque, por supuesto, hay patrones.

Cualquier ser humano que mire este gráfico verá que la mayoría de las estrellas caen en una línea curva que va desde las frías y tenues estrellas M hasta las cálidas y brillantes de tipo O. Los astrónomos llaman a esta línea la *secuencia principal*. De nuevo, no se trata de un gran nombre, pero ya hemos discutido las limitaciones con los nombres que tiene tu especie. Este solo es el grupo de estrellas que, en sus núcleos, fusionan activamente hidrógeno en helio. Una vez que dejan de fusionar hidrógeno, se salen de la secuencia principal y siguen algunos interesantes caminos evolutivos. Pero todos los caminos finalmente conducen a lo mismo: al fracaso.

Quizá te preguntes por qué seguí intentando hacer nuevas estrellas si sabía que iba a fallar. Mejor aún, es posible que te preguntes por qué lo consideré un fracaso si sabía que era inevitable que cada estrella muriera. Ambas preguntas comparten una respuesta, y una simple, en realidad: amo a mis estrellas.

Estoy segura de que probablemente creas que soy una criatura fría e insensible (que al menos es un paso más allá de no pensar en mí), ¡pero eso no podría estar más lejos de la verdad! Siento una mezcla confusa de desesperación y orgullo cada vez que supero a otra galaxia en una pelea. Siento gratitud por la compañía de Sammy y frustración por la presencia de Larry. Y me encanta Andrómeda. ¿Es tan difícil de creer que también pueda amar a mis estrellas, después de pasar miles de millones de años tratando de hacer que cada una de ellas sea lo mejor posible? Espero que no.

Pero debajo de todo, en lo profundo de mi ser y disperso por todas partes, está el autodesprecio lleno de culpa que proviene de saber que estoy condenando a cada una de mis estrellas a morir para que yo pueda vivir. Todo mi cuerpo está salpicado de pozos sin fondo de desesperación, agujeros negros figurativos que se superponen convenientemente a los literales, de los cuales es imposible escapar.

9

CONFLICTO INTERNO

La mayoría de mis agujeros negros son diminutos y se crearon cuando las estrellas más masivas tuvieron muertes extraordinarias. Cada uno de estos defectos en mi autoestima tiene la masa de solo unas pocas docenas de soles terrestres, pero tengo decenas de millones de ellos esparcidos por todo mi cuerpo. Cualquiera de estas decepciones sería totalmente manejable, aunque el peso combinado de ellas es aplastante. Los humanos se quiebran bajo la presión de contratiempos menores todo el tiempo. Llorar por la leche derramada es más que una simple expresión para muchos de ustedes, pero me he dado cuenta de que la leche no es el verdadero problema. Son la leche, las llaves perdidas, la fecha cancelada, la solicitud de trabajo rechazada y todas las demás situaciones que se van amontonando y que socavan tu felicidad.

Así como las personas en tu vida rara vez se percatan de las pequeñas cosas que te arrastran a un estado de ánimo sombrío, los astrónomos humanos luchan por ver lo que irónicamente llaman mis agujeros negros estelares. Cuando están solos, los agujeros negros de masa baja no tienen discos de acreción calientes o chorros brillantes que hacen que todos les presten atención. Esos llamativos espectáculos están reservados para los agujeros negros más energéticos, o *núcleos galácticos activos* (AGN, por sus siglas en inglés), como los llaman sus astrónomos. A veces, un agujero negro estelar pasará entre ustedes, y una fuente de fondo brillante justo de la manera correcta para que la gravedad del agujero negro desvíe la luz de la fuente hacia ustedes, pero eso es relativamente raro. En cambio, sus astrónomos tienen que estudiar aquellos de mis agujeros negros estelares que viven en parejas. Los agujeros negros absorben todo lo que los rodea, así que cuando tienen un compañero, roban su material y lo usan para construir un disco de acreción que brilla con rayos X.

Los rayos X, por cierto, son especiales —o tal vez debería decir especialmente frustrantes—, para tus astrónomos. Los han estado estudiando y utilizando en la Tierra desde mediados del siglo XIX, pero les llevó otro siglo observar los rayos X desde el espacio porque la mayoría de ellos no pueden atravesar la atmósfera de tu planeta. La longitud de onda de la luz de los rayos X es incluso más pequeña que las moléculas que respiras, por lo que los fotones de los rayos X no viajan muy lejos en el aire antes de ser absorbidos. Esto significa que sus exitosas misiones de rayos X deben volar muy por encima de la superficie de la Tierra en globos de gran altitud o lanzarse a órbita, como el observatorio Chandra de la NASA.

Estoy divagando de nuevo. El objetivo de este capítulo no es hablar sobre las pequeñas vergüenzas, sino contarles acerca del

Grande, el agujero negro supermasivo en mi centro que los astrónomos han llamado Sagitario A*. Hubo un largo período en mi vida, muchos miles de millones de años, en el que me hubiera sido casi imposible hablar de esto. No he llegado al punto de la aceptación, pero ya no me duele tanto pensar en mis agujeros negros. Así que continuaré porque mi historia merece ser contada. Y tú... bueno, tienes tanto más que aprender.

Llamo a mi agujero negro central Sarge. Me di cuenta hace mucho tiempo de que era más fácil confrontar algo si le ponía un nombre. Este es una transliteración del concepto derivado del Antiguo Galáctico para... bueno, supongo que lo más cercano que tienes en la Tierra es «imbécil». Recuerda, esto fue mucho antes de que tus astrónomos supieran que vivían en una galaxia y que la compartían con una masa odiosa y agitada que acecha en las sombras de mi culpa esperando corromper y tragarse cualquier cosa que se acerque demasiado. Tus astrónomos acaban de nombrarlo por el trozo de cielo donde detectaron la señal de Sarge, por lo que cualquier semejanza en el nombre es pura coincidencia.

En realidad, es una divertida pequeña historia humana que comenzó con este hombre llamado Karl Jansky. Hoy en día, Karl es considerado el «padre de la radioastronomía» e incluso tiene una unidad que lleva su nombre. La unidad Jansky (Jy) mide la densidad de flujo o la cantidad de energía que pasa a través de un área específica en un período de tiempo determinado y luego se normaliza por el ancho de banda del receptor del telescopio. Hay otras unidades de densidad de flujo que se utilizan en otras ciencias humanas, pero la Jansky es una unidad *especial* que solo es útil para fuentes excepcionalmente tenues y pequeñas con una amplia emisión continua. Casi solo la usan los radioastrónomos, de los cuales hay alrededor de mil. Además, quienes usan la unidad Jansky siempre parecen quejarse acerca de ella, así que... eso no es bueno para Karl.

En la década de 1930 —un período que parecía, ejem, difícil para criaturas como ustedes que dependen tanto del comer, pero que solo son capaces de digerir una pequeña fracción de lo que los rodea—, Karl encontró una señal de radio proveniente de la región del espacio denominada Sagitario, una de las 88 de esas constelaciones oficiales de acuerdo con la preciosa UIA de tus astrónomos.

Recuerda que los de tu especie apenas podían ver el interior del espacio en ese entonces. No tenían idea de cómo mirar a través de los 8 kpc de polvo, gas, estrellas y agujeros negros y todo lo demás que puede bloquear, deformar o redirigir la luz que estudian tus astrónomos. Así que no debería sorprenderte si te digo que les tomó otros cuarenta años encontrar a Sarge, y eso que me estuve quejando por millones de años con cualquiera que quisiera escucharme.

Durante esos cuarenta años, varios astrónomos descubrieron que la señal de radio de Karl en efecto provenía del centro de su galaxia natal, o sea, *moi*, y que de hecho se trataba de múltiples fuentes de radio superpuestas, incluido un objeto más brillante y más denso que todos los demás. En la década de 1980, los astrónomos humanos habían recopilado suficiente información sobre Sarge para determinar que probablemente era un agujero negro, solo porque no conocían nada más que pudiera ser tan pequeño pero tan masivo. Para entonces, lo llamaban Sagitario A* porque era un objeto «emocionante» en esta región central de fuentes fuertes de emisión de onda de radio, y los físicos habían estado usando asteriscos para indicar estados atómicos excitados. Si hubieran conocido a Sarge como yo, «emocionante» habría sido la última descripción que se les hubiera ocurrido. De nuevo, si algún ser humano *en verdad* conociera a Sarge tanto como yo, habrían sido despedazados de inmediato, y conozco algunas galaxias a las que eso les parecería muy emocionante.

Solo para que quede muy claro, a prueba de humanos: Sagitario es una región del cielo, Sagitario A es una compleja y multifacética fuente de emisión de radio que se encuentra en la región de Sgr, y Sagitario A* es la más brillante de las partes de Sgr A.

Cada uno de estos descubrimientos tuvo que hacerse paso a paso, construyendo sobre los logros de la generación anterior de científicos. Ustedes, los humanos, se mueven tan lento, pues dedican toda su vida a resolver una pequeña parte de solo uno de los muchos problemas que aquejan a su gente. Amo ver a los humanos haciendo tonterías humanas como esta.

Pero hablemos menos de humanos y más sobre Sarge. Seré honesta —¿cuándo no lo soy?—, temía llegar a esto, así que tuve prepararme.

¿Cuál es tu recuerdo más antiguo, más agudo y más vergonzoso? Piensa en el que aún te pone la piel de gallina cada vez que atraviesa tu mente. Probablemente sea algo como la vez que, por culpa tuya, tu equipo perdió el juego decisivo de la temporada, o cuando te fuiste de vacaciones durante una semana sin pedirle a alguien que alimentara a tu hámster. Sea lo que sea, es probable que pensar en ello te haga sentir incómodo.

Pero solo es un pensamiento, un recuerdo borroso de algo que sucedió en el pasado.

Sarge, sin embargo, es la encarnación física de *todo* lo que siempre he odiado de mí misma: cada galaxia devorada, cada coqueteo equivocado, cada comentario sarcástico inmerecido dirigido a Sammy. (Sin embargo, no me arrepiento de ninguno de los comentarios mezquinos dirigidos a Trin o Larry, porque se los merecían). Y cuando absorbo a otras galaxias, también asumo el peso de su vergüenza.

El hecho de que las galaxias guardemos manifestaciones literales de nuestros malos sentimientos dentro de nosotras es, quizá, la peor parte de nuestras experiencias vividas. Supongo que es la falla en nuestro diseño lo que refuta la posibilidad de existencia de un creador inteligente. Pero si se trata de elegir entre tener un agujero negro y tener que, guácala, limpiar un trasero, siempre elijo primero el agujero. Los otros simios en tu planeta no parecen limpiarse el trasero, pero ustedes dejaron eso atrás solo para poder caminar erguidos.[1]

Sarge es donde viven mis recuerdos más oscuros y pesados, los que se han asentado en el centro de mi ser y hacen todo lo posible para hundirme con ellos. Cada vez que pruebo algo nuevo, como la primera vez que hice un planeta con un anillo[2] alrededor, Sarge está ahí para llenarme de dudas. «¿Un anillo?», preguntó. «¿Qué, eres demasiado floja como para hacer una luna?» Cada vez que envío un mensaje estelar a los Leos (tengo una especie de chat grupal con una familia de galaxias que viven en el barrio), Sarge está allí para señalarme cada error gramatical y cada exceso de información compartida. «¿Estás segura de que siguen siendo tus amigos después de que pusiste tanto magnesio en ese mensaje? ¡El espectro es casi indescifrable!» Incluso ahora, me dice que soy demasiado quejica y que a nadie le importa mi vida ni mis problemas. Por lo menos a nadie importante. Seguro que estás absolutamente cautivado.

Sarge me impide imaginar lo que podría llegar a ser porque estoy demasiado ocupada lamentando lo que nunca he sido y desesperándome por lo que fui. Por supuesto, no es así como piensan tus astrónomos acerca de los agujeros negros. Para ellos, Sarge es solo una curiosidad intelectual, un denso misterio astronómico cuya solución podría hacerles ganar un prestigiado premio. De hecho, tres astrónomos recibieron conjuntamente el premio Nobel de Física 2020 por confirmar que Sarge es, de hecho, un agujero negro. No es de extrañar que los astrónomos humanos hablen de los agujeros negros como si fueran fenómenos maravillosos para contemplar; no han conocido a Sarge lo suficiente como para comprender su verdadera naturaleza.

Si hablamos en términos físicos, los agujeros negros están formados por dos o tres partes. Está el agujero negro en sí, que es la parte densa en el medio del cual la luz no puede escapar, y su límite más externo, llamado *horizonte de sucesos*. Luego está el disco de acreción, un anillo de material que se mueve lentamente en espiral hacia el agujero negro y que brilla debido a toda la fricción entre las partículas individuales que se encuentran en el disco. Por último, algunos agujeros negros tienen lo que tus astrónomos llaman *chorros*, que son brillantes y poderosas corrientes de material que se disparan hacia arriba y hacia abajo —aunque esas direcciones tan simples, por lo general, no tienen sentido en el espacio— desde el plano del disco.

Tus científicos usan tres valores diferentes para describir los agujeros negros: masa, carga y giro. Hemos llegado tan lejos juntos que confío en que puedo saltarme explicar qué es la masa...

La carga se refiere a su carga eléctrica, que es básicamente la diferencia entre el número de protones y electrones, o cargas positivas y negativas. Los agujeros negros tienden a tener una carga neutra, ya que en el universo hay tantos protones como electrones, y ambos tienen la misma probabilidad de ser absorbidos por el agujero negro y cancelarse entre sí. De hecho, para facilitar sus cálculos, los astrónomos suelen asumir que los agujeros negros que estudian no tienen carga, aunque esta fluctúa constantemente a medida que el agujero negro crece o come nuevo material.

El giro de un agujero negro, o momento angular, es... exactamente lo que parece. ¡Sus astrónomos a veces sí encuentran nombres sensatos! Cuanto mayor es el giro de un agujero negro, más se deforma y arrastra el espacio-tiempo a su alrededor. Los agujeros negros de baja masa estelar giran porque se forman a partir del colapso de estrellas masivas giratorias (A su vez, las estrellas obtienen su giro de la rotación de la nube de gas que usé para construirlas, y las nubes de gas... bueno, todo es rotación). Casi todo en el espacio está girando todo el tiempo. Los agujeros negros más pesados, como Sarge, obtienen su giro del impulso remanente de las colisiones necesarias para construir algo tan masivo.

Sarge tiene alrededor de cuatro millones de veces la masa de tu sol, aunque las mediciones humanas han oscilado entre tres y cinco millones de masas solares. Así como reprimes tus recuerdos menos favoritos confinándolos en los rincones más oscuros de tu mente, he comprimido esa masa furiosa en un espacio más pequeño que la pequeña órbita de tu planeta alrededor de tu sol. Algunos astrónomos humanos dicen que es incluso más pequeño que la órbita de Mercurio.

Para aquellos de ustedes que necesitan algo de ayuda para juntar las piezas (que probablemente será la mayoría, así que no se sientan tan inútiles), los objetos tan masivos y tan pequeños son demasiado densos como para permitir que incluso la luz escape de su atracción gravitacional. El «tejido del espaciotiempo», como a tus científicos les gusta describirlo, se dobla alrededor de esa masa y se deforma de modo que cualquier cosa que intente escapar, como los fotones o la autoaceptación, se voltean por completo.

La consecuencia más destacada de la extrema densidad de un agujero negro, al menos para los humanos, es que es imposible *verlos*. No es que te deba alguna explicación, pero te juro que no lo hice a propósito. Si hubiera algo de Sarge que pudiera controlar, lo haría, aunque solo fuera para recuperar un mínimo de dignidad. Además, incluso si tuviera el poder de hacer que Sarge fuera visible para el ojo humano, seguro no se me hubiera ocurrido como algo que valiera la pena. No tengo ojos, ¿recuerdas?

El hecho de que los humanos no puedan ver los agujeros negros es la razón de su nombre. El término parece haberse filtrado a la lengua vernácula humana como algo que succiona toda la energía y la vida de un sitio, lo cual es exacto, pero lleva a la idea errónea común entre los de tu especie de que los agujeros negros son como aspiradoras que absorben todo el material que los rodea. ¡Falso! Un agujero negro nunca pondría tanto esfuerzo en nada. No, solo son pozos en los que caen cosas lentas. Si tu sol de repente se convirtiera en un agujero negro con la misma masa, todas las personas que conoces probablemente morirían poco después, pero no por haber sido succionados hacia el centro de tu sistema solar. Continuarían en su misma órbita hasta que tu planeta y todo lo que hay en él se congelara sin el calor de la estrella que hice y de la cual te estás beneficiando al máximo.

El término *agujero negro* también les da a muchos humanos la ridícula idea de que existe una conexión entre agujeros negros, materia oscura y energía oscura, aunque son bastante diferentes. Los agujeros negros son objetos extremadamente densos hechos de materia regular como tú y mis partes brillantes. Son el tipo de materia que los científicos llaman «bariónica». La materia oscura es... bueno, los científicos no están seguros de qué está hecha, pero se comporta como la materia bariónica en todos los sentidos, *excepto* por el hecho de que no interactúa con la luz (Algunos de tus astrónomos y físicos creen que la materia oscura podría estar formada por pequeños agujeros negros, pero no es una idea muy popular). Y la energía oscura no es materia para nada, sino el nombre que los científicos le dieron a la fuerza invisible que impulsa la expansión del universo. Todo es invisible para el ojo humano, pero, de nuevo, la mayoría de las cosas lo son, por lo que no es una buena razón agruparlas.

—Pero, Vía Láctea —espero que estés diciendo—, ¿cómo estudiamos el agujero negro si no podemos verlo?

¡Muy astuto de tu parte preguntar! Bueno, primero debes aceptar que hay otras formas de saber acerca de algo sin verlo.

Aunque yo no fuera siempre muy consciente de la presencia de Sarge, todavía podría *sentirlo*, jalando mis estrellas y escupiendo energía tóxica. En segundo lugar, para responder a «tu» pregunta, los astrónomos humanos estudian los agujeros negros midiendo cómo afectan sus entornos.

Desde la década de 1990, los astrónomos han estudiado las señales infrarrojas y de radio (las longitudes de onda de luz capaces de pasar con mayor facilidad a través del polvo que hay entre tú y Sarge), para medir las posiciones y velocidades de algunas de las estrellas orbitantes más cercanas a mi centro. Incluso los científicos humanos entienden que la gravedad impulsa el movimiento en el espacio y que la gravedad proviene de la masa, por lo que aprender sobre el movimiento de estas llamadas *estrellas S* ayuda a los astrónomos a limitar la masa de Sarge. Me enorgullezco de crear estrellas excepcionales, en especial de las que son lo suficientemente valientes y resistentes como para vivir tan cerca de Sarge, aunque, por desgracia, tus astrónomos parecen quererlas solo por la información que proporcionan. Eso es algo grosero, pero supongo que no lo hacen con mala intención. Han encontrado una estrella, apodada S2 porque es la segunda estrella más cercana a Sarge (¡que ustedes sepan!), que es particularmente esclarecedora. La S2 orbita Sarge una vez cada 16 y pico años terrestres, la frecuencia suficiente para que tus astrónomos hayan visto más de un período completo de la muy elíptica órbita de S2.[3] Estas estrellas están tan cerca de Sarge que tiene mayor sentido usar su unidad humana UA. S2 pasa gran parte de su tiempo a unos 950 UA de Sarge, pero cuando es más audaz, S2 desciende a solo 120 UA del masivo monstruo. En su punto más cercano, S2 debe moverse a 7 700 kilómetros por segundo, ¡que es el 2.5% de la velocidad de la luz! Es la Usain Bolt, la bala veloz, de las estrellas. Mi pequeña villana favorita ♥.

Hace algunos siglos, hubo un astrónomo en la Tierra llamado Kepler, quien pasó mucho tiempo pensando en las órbitas de las lunas, los planetas, las estrellas... todas funcionan de la misma manera en la mayoría de las condiciones. (Esas estrellas caóticas en mi bulbo tienden a evitar moverse en lo que tus astrónomos considerarían órbitas keplerianas). Kepler descubrió que, si conoces la distancia y el período de un cuerpo orbitante, podrías calcular la masa del objeto que orbita. O la masa combinada de los objetos que orbita. Los astrónomos usaron el trabajo de Kepler y la órbita de S2 para «pesar» a Sarge.

No debería sorprenderte que la masa de un agujero negro determine su tamaño. Por definición, un agujero negro es un objeto tan masivo y denso del cual la luz no puede escapar, por lo que un agujero negro de cierta masa solo puede crecer hasta cierto punto antes de caer por debajo del umbral de densidad. En condiciones simples e ideales en las que el agujero negro no tiene ni carga ni giro, ese límite de tamaño es el radio de Schwarzschild, o la distancia desde un objeto donde la velocidad de escape es igual a la velocidad de la luz. El radio de Schwarzschild de Sarge es como una décima parte de una UA, pero su radio real es más pequeño que eso.

Recientemente —y me refiero a recientemente para los humanos, así que no ha pasado mucho tiempo—, tus astrónomos por fin descubrieron cómo tomar una fotografía de un agujero negro. Bueno, en realidad del horizonte de sucesos al borde de un agujero negro. La señal que detectaron se llama *radiación de sincrotrón*, y es producida por electrones que se aceleran alrededor de las líneas del campo magnético, casi como si estuvieran gritando mientras caen. Para tomar la fotografía, los astrónomos tuvieron que construir un telescopio del tamaño de tu planeta. Cuanto más grande es un telescopio,[4] mayor es la visión de objetos pequeños. Y aunque incluso el agujero negro más pequeño te eclipsaría en tamaño, te parecen pequeños porque están muy lejos. Yo no me habría esforzado tanto solo para tomar una foto de algo tan lamentable, pero debe de ser algún rito de iniciación terrícola, ya que muchos de ustedes toman fotos de sus patéticos e incómodos años de preadolescencia.

El agujero negro más pequeño que los astrónomos han encontrado tiene una masa de casi tres veces la de tu sol.[5] ¡TRES! Eso es menos de una millonésima parte de la masa de Sarge, y solo 25 km de ancho. Comprender este límite de masa inferior para los agujeros negros ayudará a los astrónomos humanos a distinguir entre agujeros negros y estrellas de neutrones, los restos de estrellas ligeramente menos masivas que las que forman los agujeros negros. La diferencia más importante es la densidad: las estrellas de neutrones son lo suficientemente densas como para que los electrones sean forzados dentro de los protones a producir neutrones, pero tus astrónomos aún no están seguros de dónde está ese umbral.

Volvamos a este telescopio del tamaño de la Tierra. Obviamente, tu especie no es capaz de construir una sola estructura tan grande como su planeta, aunque me encantaría ver el caos que se produciría si lo intentara. En cambio, usan poderosas computadoras para analizar datos de observaciones muy bien cronometradas que recogen los telescopios en todo el mundo, similar al MeerKAT, pero a mayor escala. De hecho, el concepto básico tiene más de un siglo, pues fue desarrollado a fines del XIX, pero nunca se había aplicado a un proyecto de esta magnitud, hasta el Telescopio del Horizonte de Sucesos (EHT, en inglés).

El EHT combina telescopios de al menos ocho observatorios terrestres diferentes, y con el tiempo se han agregado más a la red. En 2019, después de analizar montones de datos[6] del despliegue mundial de telescopios, los astrónomos publicaron la primera imagen hecha por humanos del horizonte de sucesos de un agujero negro. Pero no era el horizonte de sucesos de Sarge. Ni siquiera se trataba del horizonte de sucesos de alguno de mis agujeros negros más pequeños. Era el agujero negro de *otra galaxia*, la M87.

M87 es una elíptica que vive en el siguiente cúmulo de galaxias, el Cúmulo de Virgo (NO debe confundirse con el Supercúmulo de Virgo. Piensa en ello como la diferencia que hay entre la ciudad de Nueva York y el estado de Nueva York, porque las galaxias del Cúmulo de Virgo están tan orgullosas de vivir en su metrópolis como el neoyorquino más desenvuelto). Como M87 es la galaxia más fuerte del Cúmulo de Virgo, tiene mucha responsabilidad, una larga historia de actos desagradables y un agujero negro central gigantesco. Aunque Sarge está más cerca de ti, el agujero negro de M87 es más fácil de captar para sus miopes instrumentos humanos.

No estoy segura de que a M87 le haya gustado que la fotografiaran sin permiso, pero también dudo que a tus astrónomos les importe mucho obtener consentimiento galáctico. Esa imagen contenía información sobre el tamaño del agujero negro central de M87 (y, por lo tanto, su masa) y la dirección de su giro (el lado que se mueve *hacia* ti aparecerá más brillante debido al efecto Doppler).

Observaciones adicionales revelaron las fuertes líneas en espiral del campo magnético del horizonte de sucesos del agujero negro. Esto apoyó una hipótesis temprana de la década de 1970 sobre la formación de chorros, observados por primera vez en 1918 por Heber Curtis, famoso por el «Gran Debate»*. Roger Blandford y Roman Znajek estaban trabajando en la Universidad de Cambridge cuando especularon, sin una pizca de evidencia y probablemente mientras disfrutaban de una taza de té, que los agujeros negros giratorios pueden torcer sus líneas de campo magnético en una espiral. El voltaje que viaja a lo largo de las líneas extrae energía del disco de acreción, y el agujero negro arma así un espectáculo de luces.

M87 y yo no somos las únicas galaxias con agujeros negros supermasivos. Cada galaxia tiene uno en su centro. Bueno, todas las *reales*. La mayoría de las galaxias enanas no los tienen, lo cual tiene sentido. ¿Por qué tendría que estar tan molesta una galaxia tan pequeña?

Aun así, hay algunas galaxias enanas que cargan con ese peso. Tus astrónomos han encontrado una docena más o menos, y han ejecutado simulaciones en sus computadoras (en verdad aman esas computadoras) para convencerse de que los agujeros negros son reales. Estaban especialmente interesados en los agujeros negros supermasivos que encontraron lejos de

* Se refiere al famoso Gran Debate entre Harlow Shapley (1885-1972), astrónomo del observatorio de Monte Wilson, y Heber Curtis (1872-1942), astrónomo del observatorio de Lick, que se celebró el 26 de abril de 1920. (*N. de la e.*)

los centros de esas enanas llenas de culpa, dado que los agujeros negros, por lo general, intentan abrirse paso en medio de todo.[7] Sus agujeros negros suelen ser más pequeños, son solo alrededor de un millón de veces más masivos que tu sol, pero de nuevo, eso es de esperarse para una enana.

De acuerdo con las simulaciones por computadora de tus astrónomos, estos agujeros negros descentrados deberían ser bastante comunes para enanas que no tienen la masa y, por lo tanto, la fuerza gravitacional requerida para mantenerlos en su lugar. Casi la mitad de los agujeros negros supermasivos de las galaxias enanas se han alejado del punto central. Pero, oh, sorpresa, las simulaciones no captan la imagen completa.

Las colisiones de galaxias enanas no son tan violentas como las que he experimentado. Ha pasado bastante tiempo desde que me enfrenté a una galaxia capaz de dar mucha pelea. Pero las enanas, al ser el tipo de galaxia más común en el universo, se enfrentan a menudo. Y cuando una enana vence a otra, se trata de una pelea más justa donde cada bando puede estar orgulloso. Por lo general, algunas enanas son más propensas a la culpa que otras y, a veces, la pelea se ensucia un poco. Cuando eso sucede, la vergüenza no es suficiente como para convertirse en el rasgo central —alrededor del cual gira todo lo demás— de la enana. Por lo tanto, los agujeros negros existen lejos del centro de la enana.

A pesar de los agujeros de las galaxias enanas, Sarge ni siquiera es tan impresionante en lo que respecta a los agujeros negros supermasivos. Hay muchas galaxias buenas y trabajadoras con agujeros negros más grandes que el mío. El de M87 es alrededor de seis mil millones de veces más masivo que tu sol.

Una galaxia que tus astrónomos llaman Holmberg 15A (por el astrónomo que la descubrió en 1937) y que vive a unos pocos cúmulos en Abell 85, tiene un agujero negro central de casi cuarenta mil millones de veces la masa de tu sol, construido debido a muchas, muchas fusiones con galaxias más pequeñas y débiles. El agujero negro más pesado que han descubierto tus astrónomos es setenta mil millones de veces más masivo que tu sol, lo que lo hace más de 15 mil veces más masivo que Sarge. Este descomunal monstruo puede encontrarse en una galaxia a más de diez mil millones de años luz de nosotros. Queda tan lejos, que tus astrónomos ni siquiera la han nombrado, solo al quasar[8] en su centro (TON 618), con chorros brillantes alimentados por el gigantesco agujero negro. Nunca me he topado con esta galaxia, pero incluso yo me estremezco al imaginar lo que debe haber hecho para acumular un agujero negro tan fatídico en tan poco tiempo (Para quienes todavía necesitan que lo explique: la luz viaja a una velocidad finita, por lo que están viendo la galaxia como era hace diez mil millones de años, así que su agujero negro supermasivo era todavía muy joven).

Puede que Sarge no sea el agujero negro más grande del universo, pero ha habido momentos en los que pensé que me devoraría por completo. Los humanos a menudo hablan de cómo su dolor se los «come», pero para las galaxias el comer no solo es una metáfora.

La inmensa atracción gravitacional de Sarge engulle varios sextillones de toneladas métricas de material anuales. ¡Son diez Tierras al año! Puede que no parezca mucho, o tal vez a ti te parezca demasiado, pero he vivido durante miles de millones de años y ese poco se acumula con el tiempo. El material que traga (el gas, el polvo, incluso las capas externas arrojadas por algunas de mis estrellas) no solo desaparece en el agujero negro, es desgarrado y retorcido sobre sí mismo hasta que no es posible reconocerlo.

Tus astrónomos llaman a este estiramiento y desgarro «espaguetización». Por supuesto que tenían que darle un nombre cursi como ese, pero no me imagino que un estómago lleno de espaguetis se sienta como una escena de tortura bárbara en tu estómago. Los agujeros negros no solo tienen una gravedad extrema, también poseen gradientes gravitacionales extremadamente pronunciados. En otras palabras, la fuerza de la atracción gravitacional cambia muy rápido a medida que te alejas del agujero negro. Cuando los objetos se acercan lo suficiente a un agujero negro, experimentan las consecuencias muy reales de ese gradiente. La gravedad tira mucho más fuerte del lado del objeto que está más cercano al agujero negro que del lado más alejado. Incluso para algo tan pequeño como tú, la diferencia de fuerza gravitacional entre tu cabeza y tus pies es mayor que la fuerza que los mantiene unidos. Tú y cualquier otra persona que se acercara demasiado a uno de estos monstruos sería estirado y espaguetizado, justo antes de desaparecer para siempre.

Las galaxias como yo necesitan gas para sobrevivir. Así hacemos nuestras estrellas, y cuando se nos acaba, es el principio del fin. Por eso, las galaxias siempre se están comiendo unas a otras, porque solo hay una cantidad limitada de gas en el universo, y la mayor parte ya está atrapada en nuestras estrellas. Los agujeros negros como Sarge son capaces de absorber el gas de una galaxia o de usar su gravedad y sus vientos de retroalimentación para arrojar el gas fuera de su alcance. Peor aún, si no se controla, un agujero negro supermasivo puede atiborrarse de tanto material y hacer crecer su disco de acreción hasta el punto en que comienza a *calentar* el gas a su alrededor, lo que dificulta mucho más que las galaxias formemos estrellas.

Eso es lo que le sucedió a JO201 (en adelante, Jo), una gran galaxia espiral que vivía en Abell 85, una de las vecinas de Holmberg 15A. Por desgracia, Jo se vio abrumada por el aplastante peso y la energía negativa del agujero negro supermasivo en su centro. El agujero negro robó o calentó tanto gas de Jo que no pudo formar más estrellas. Hubiera sido tan fácil para Jo no hacer nada y dejar que su agujero negro terminara el trabajo. Sin embargo, hace unos mil millones de años, en un último esfuerzo por superar el agarre mortal de su agujero negro y por poner en marcha la formación de una estrella, Jo comenzó a moverse hacia el centro de Abell 85 más rápido que la velocidad del sonido. «Supersónico», lo llaman tus científicos. Abell 85 es un gran cúmulo que alberga unas quinientas galaxias. Jo sabía que pasar a través de un entorno denso como ese (no tanto como un agujero negro, por supuesto, pero aun así apretado en comparación con el vacío sin presión del espacio) a velocidades tan altas forzaría al gas cerca de sus bordes a mezclarse y para formar nuevas estrellas. Esta es solo una solución temporal, sobre todo si el agujero negro de Jo continúa creciendo sin obstáculos. Pero Jo es una galaxia resistente e ingeniosa, así que estoy segura de que descubrirá cómo coexistir con su agujero negro.

Esa misma presión, llamada *presión de arrastre* por alguna razón, que obliga al gas a mezclarse, también hace que grandes colas de gas fluyan detrás de Jo como una capa, como la heroína que es, mientras realiza este viaje para salvar vidas. Tus cientí-

ficos llaman a Jo y a otras galaxias con estas colas arrastrantes *galaxias medusa*. He estudiado las medusas de la Tierra, y reconozco que hay un parecido físico, pero dudo que cualquiera de tus medusas marinas, que tienen incluso menor capacidad que ustedes para comprender la existencia, pueda sentir empatía por lo que Jo está pasando en este momento.

Lo que le pasa no es culpa de Jo, aunque no todas las galaxias tienen la capacidad de verlo así. Tus astrónomos dicen que una galaxia que pierde gas se está apagando. Yo lo llamo asfixia o hambre, tal vez incluso ahogamiento. Llámalo como sea, es un proceso lento y doloroso. Es una muerte que puede anunciarse con mucha antelación porque la mayoría de las galaxias no saben cómo detenerla, aunque la vean venir.

Yo, por supuesto, no soy como la mayoría de las galaxias. Me di cuenta de que, si bien no puedo controlar nada de lo que hace Sarge, sí puedo controlar todo lo que hago *alrededor* de Sarge. Así como tú no controlas el mundo que te rodea, pero puedes controlar cómo reaccionas ante él. Como no puedo hacer que Sarge sea menos masivo o ralentizar su rotación, debo alejar mis estrellas y gas para limitar su crecimiento y ralentizar sus órbitas para que no aumenten el momento angular de Sarge.

Para mí, la pregunta nunca fue si podía vencer a Sarge, sino si quería.*

---

* Esta es una nota de Moiya. Si tú, como la Vía Láctea, estás dudando de tu deseo de seguir con vida, debes saber esto: no estás sola y te extrañaremos. Por favor, busca ayuda. Sé que es difícil, pero vale la pena. TÚ lo vales. ♥

10

VIDA DESPUÉS DE LA MUERTE

TAL VEZ, SI NO ESTUVIERA tan agobiada por el peso del conocimiento y la maldición de todo tipo de brillantez, sería capaz de hacer lo que Jo no hizo y convencerme de que morir me llevaría a un «lugar mejor». Pero, ay, la idea de un más allá feliz es un consuelo demasiado humano que se basa en la fe, que a fin de cuentas es la admisión de que hay fuerzas en juego más allá de nuestra comprensión. Y aunque hay algunas cosas que *no sé*, en mis 13 mil millones de años de vida todavía no he encontrado algo que no pueda *entender*.

Pero durante los milenios tranquilos cuando el trabajo estaba en calma, Sammy y todos los demás se ocupaban de sus propios asuntos, y la única voz que yo escuchaba era el susurro burlón de Sarge, solía soñar con un universo con reglas diferentes. Me imaginé un tipo de vida distinto, con menos dolor y responsabilidad, con más baile y un suministro interminable de gas fresco para comer y libre de violencia. Una especie de siguiente etapa de la existencia en la que me deshago de las peores partes de esta, pero recuerdo todas las lecciones aprendidas en el camino. Del mismo modo, parece que ustedes, los humanos, han evaluado los muchos y severos inconvenientes de su realidad e imaginado su propio siguiente paso... en una variedad de direcciones.

Hace cientos de miles de años, cuando la rama humana del árbol evolutivo de la Tierra todavía tenía varios vástagos supervivientes,[1] las primeras especies humanas enterraban a sus muertos en fosas o los dejaban en cuevas profundas o los lanzaban al mar. Sus arqueólogos y antropólogos modernos, y otros que intentan deducir las antiguas intenciones a partir de la evidencia fósil, no están seguros de si esas prácticas contradecían la creencia en la vida después de la muerte. Es posible que los primeros humanos entendieran los peligros de dejar un cadáver expuesto donde los animales peligrosos podían encontrarlo.

Con el tiempo, sus prácticas funerarias se volvieron más elaboradas.[2] Comenzaron a decir palabras específicas para los muertos, prepararon sus cuerpos de manera ritual y marcaron sus tumbas para que pudieran regresar a un lugar que ya no era un mero sitio de desecho, sino uno de descanso eterno. Enterraron los cuerpos con artículos prácticos y preciosos como comida, ropa y gemas, y formalizaron los rituales de duelo. Los arqueólogos no están seguros de cuándo sus antepasados comenzaron a creer en otra vida después de la muerte, pero han encontrado evidencia de ofrendas funerarias de hace al menos cien mil años. Incluso esos humanos entendieron que la muerte era una salida de un solo sentido de este mundo, ¿entonces por qué enterrarían estos objetos útiles con los muertos si no fuera por la creencia de que había *algo* al otro lado de esa puerta?

La creencia humana tan arraigada en el más allá ha servido para varios propósitos. Les ayudó a racionalizar la muerte antes de que entendieran la ciencia detrás de su delicada fugacidad. Consoló a los humanos cuyos seres queridos habían muerto y que sabían que tarde o temprano correrían el mismo destino. Si mi vida fuera tan corta como la de ustedes, a mí también me encantaría pensar que tengo la oportunidad de reunirme de nuevo con mis galaxias y estrellas favoritas. Además, el concepto de vida después de la muerte también proporcionó a muchos líderes religiosos y políticos una forma efectiva de hacer cumplir las normas sociales. «Sé bueno, o tu alma inmortal sufrirá por la eternidad en el infierno». Por supuesto, no todos los antiguos humanos creían en un alma inmortal —ese tipo de pensamiento abstracto ni siquiera era posible hasta que tu cerebro hizo espacio para él hace unos cincuenta mil años—, y solo algunos de ellos creían en algo como un infierno, y solo una fracción de *estos* creía que el alma se quedaría en el infierno para siempre. Lo que quiero señalar aquí, si dejas de distraerte con los detalles, es que la amenaza del castigo después de la muerte —o, por el contrario, la promesa de una recompensa— mantuvo a los humanos a raya mientras estaban vivos. Como soy responsable de miles de millones de estrellas, debo decir que entiendo el motivo, incluso podría haber aprendido uno o dos trucos de gestión.

Pero el propósito más importante para el que han servido tus mitos del más allá es, obviamente, entretenerme. En uno muy popular, los nuevos cuerpos glorificados que obtienen una vez que llegan al cielo son imperecederos y poderosos. Siempre me he preguntado qué tipo de travesuras podrían inventar sus creativas mentes humanas si no tuvieran que preocuparse por mantenerse intactos. Y dado que los primeros humanos en sus dispersas tribus desarrollaron cada uno su propia interpretación del mundo más allá de las puertas de la muerte, ¡hay tantas vidas futuras para elegir!

Los antiguos egipcios contaron muchas historias sobre qué esperar después de que sus cuerpos terrenales murieran, e incluso escribieron manuales de instrucciones para que el cuerpo y el alma de los difuntos fueran preparados adecuadamente para el viaje. Tal vez hayas oído hablar del *Libro de los muertos*, aunque en realidad no era un libro estándar. Muchas familias tenían el suyo, así como la tuya podría tener su propio libro de cocina. En lugar de detalladas recetas de macarrones con queso, esos libros describían cómo preparar el alma y el cuerpo de una persona para la siguiente etapa. El alma se guiaba al más allá con la oración, y el cuerpo se preservaba a través de la momificación, el minucioso proceso que desarrollaron los egipcios para evitar la descomposición, un fenómeno tan repugnantemente... orgánico. Los cuerpos debían mantenerse en perfectas condiciones, porque estaba escrito que el alma necesitaría un cuerpo para habitar en la siguiente vida.

Una vez que se encontraban en el inframundo, los muertos tendrían que confesar sus pecados ante un panel de jueces y Osiris pesaría sus corazones contra una legendaria pluma de justicia. Si fallaban en estas pruebas, sus corazones eran devorados por una bestia quimérica con cabeza de cocodrilo y sus almas dejaban de existir. Pero si la superaban, pasarían el resto de su existencia inmortal navegando por el cielo, viajando a través de mi gloriosa forma celestial con Ra, el dios sol; o podrían quedarse en el inframundo con Osiris; o, como era más común en las historias, podrían quedarse en el Campo de Juncos (algunos humanos modernos han traducido esto como «Campo de las Prisas»), donde vivirían una vida muy parecida a la que llevaron en la Tierra, pero con sus propios terrenos y posiblemente muchos sirvientes. Yo sé qué lugar elegiría para pasar la eternidad, pero no estoy aquí para culparte por tus simples placeres humanos.

Los griegos hablaban del Hades; los hindúes contaban historias sobre la reencarnación de sus almas en nuevos cuerpos terrenales; y los nórdicos esperaban morir como guerreros para poder beber y entrenarse para la batalla en Valhalla. Ninguno de estos destinos prospectivos me conmovió como los de las culturas que colocaron sus vidas posteriores entre las estrellas.

Pocos grupos humanos supieron captar y mantener mi atención como los mayas. No solo contaron historias acerca de mí: me hicieron parte de casi todos los aspectos de sus vidas, desde la planificación de sus ciudades para que las estructuras sagradas, como templos y palacios, se alinearan con los objetos en el cielo, hasta venerar a los astrónomos por su conocimiento de los movimientos celestiales. Pero los homenajes más conmovedores fueron sus mitos, y un grupo particular de pueblos mayas, los quiché, contaron historias que me presentaban como el camino hacia el más allá.

Hablaron de Xibalbá, un lugar subterráneo lleno de demonios y peligrosas pruebas. Los humanos podían aspirar a llegar vivos a Xibalbá escabulléndose a través de una cueva especial, pero los quiché más valientes y poderosos viajaron a Xibalbá como lo hizo su dios sol, Kinich Ahau, quien se convertía en jaguar todas las noches para acechar en el inframundo. ¿Y cómo había llegado allí? ¡A través de mí, por supuesto!

Tus ancestros han contaminado tanto tu cielo con luz y esmog, que algunas de mis mejores características están ocultas para ti, pero los quiché del siglo IX vieron un camino oscuro que atravesaba la corriente luminosa que arrojé a través de tu cielo nocturno. Lo llamaron el Camino a Xibalbá.

Los quiché contaron una historia que se ha quedado conmigo estos últimos mil años; que trata de un par de gemelos llamados Hunahpú e Ixbalanqué. Estos fueron invitados por los pequeños señores de Xibalbá a jugar a la pelota[3] en su cancha subterránea, donde se encontraron con una trampa tras otra. Los señores los obligaron a jugar con una pelota tachonada de púas afiladas como navajas, los encerraron en una casa oscura llena de cuchillos que se movían solos e incluso lograron cortarle la cabeza a Hunahpú. Pero los gemelos idearon un plan muy complejo para derrotar a los señores de Xibalbá. Permitieron que los mataran, reencarnaron en niños pequeños y realizaron actos milagrosos hasta que fueron invitados de nuevo a actuar para los señores de Xibalbá en sus nuevas e irreconocibles formas. Luego recurrieron al elemento sorpresa para matar a los señores de la muerte y liberar al pueblo quiché de sus vidas de servidumbre forzada a los demonios malignos. En algunas versiones de la historia, Hunahpú e Ixbalanqué se convierten en el sol y la luna.

Los quiché llaman héroes a los gemelos, y hay historias similares entre otros grupos mayas. Pero creo que todos sabemos quién es el verdadero héroe de esta historia. Después de todo,

Hunahpú e Ixbalanqué no habrían llegado a Xibalbá sin que yo estuviera allí para mostrarles el camino.

Estos mitos sobre el más allá difieren mucho, pero lo único que casi todos tienen en común es la forma en que condenan a las personas que pasan a la siguiente etapa voluntariamente. Es lógico que estas historias desalienten *cualquier* destrucción de vida humana. Aunque, como dije, esto del más allá es una locura de los humanos. La amenaza del fuego y el azufre no es tan convincente para una galaxia como yo, que se gana la vida haciendo gigantescas fábricas de fusión, así que tuve que convencerme de seguir con vida a la antigua usanza.

Después de miles de millones de años de aferrarme a mí misma para no sucumbir a las provocaciones de Sarge y caer en una espiral de desesperación más allá del punto sin retorno, me cansé de la lucha. Había visto a demasiados amigos ceder bajo la presión de sus agujeros negros. Más que eso, había perdido demasiado de *mí misma* y desperdiciado demasiado de mi precioso tiempo creyendo las retorcidas mentiras de Sarge.

Recordé que soy la Vía Láctea, ¡carajo! La galaxia más grande del Grupo Local, excepto por una espiral muy especial. Seguro, he hecho algunas cosas terribles, pero las hice para sobrevivir. He fallado a menudo —y estoy segura de que volveré a fallar muchas veces—, pero al menos eso significa que lo intenté. Y después de ver a mis estrellas más desinteresadas vivir sus demasiado cortas vidas, me di cuenta de que no quería dejar pasar la oportunidad de vivir un billón de años más. De lo contrario, habrían muerto en vano.

Esos pensamientos suelen darme la fuerza que necesito para mantener a raya a Sarge.

A veces me equivoco y olvido que Sarge no define quién soy como galaxia. La actividad del agujero negro resplandece[4] y la duda vuelve a aparecer. Cuando eso sucede —cuando no logro bloquear los pensamientos por mi propio bienestar—, hay algo que me hace seguir adelante. Recuerdo que hay otra galaxia que se acerca, una que está luchando por vencer a su agujero negro y solicitando mi ayuda. De acuerdo, hay miles de millones de galaxias como esa, pero hay una que me importa mucho, pero mucho más que el resto: Andrómeda.

11

CONSTELACIONES

Los humanos han sabido de la existencia de Andrómeda desde la primera vez que observaron el resto del universo. El astrónomo persa Abd al-Rahman al-Sufi —¿o es iraní? Tus fronteras imaginarias e imprecisas cambian con demasiada frecuencia como para que yo pueda seguirles la pista— describió a Andrómeda como una de varias manchas nebulosas en su *Libro de estrellas fijas* en los años 900. ¡Como si el conjunto de estrellas más perfecto que ha adornado este universo pudiera compararse con un mero cúmulo globular! Me alegra ver que tus modernos astrónomos tengan mucho más respeto por Andrómeda, a quien conocen por muchos nombres: Messier 31 (o M31), NGC 224, IRAS 00400+4059, 2MASX J00424433+4116074... No son los más poéticos ni los más apropiados para una galaxia tan magnífica como Andrómeda, pero no se trata de que estos apodos despierten emociones. Están destinados a codificar información sobre la posición de la galaxia y el telescopio o sondeo que la observó. El nombre Andrómeda, sin embargo, proviene de un antiguo mito griego sobre una princesa etíope,[1] y estoy segura de que asumirás que es una especie de cumplido. Veremos lo que piensas después de escuchar la historia.

Esta princesa nació de dos padres (como es costumbre en tu especie): el rey Cefeo y la reina Casiopea de Etiopía. Andrómeda es un nombre griego que significa 'gobernante de hombres', por lo que dudo que fuera el nombre de una princesa etíope real, pero ignoraremos ese descuido, junto con todas las demás partes sin sentido de las historias míticas, y lo atribuiremos a una licencia creativa.

Por el nombre que eligieron, no debería sorprender que Cefeo y Casiopea fueran personas orgullosas con grandes expectativas para su hija. De hecho, la reina Casiopea se jactó ante cualquiera que quisiera escuchar que Andrómeda era más hermosa que las Nereidas, las ninfas marinas famosas por su belleza. ¡Ay!

Según cuenta la historia, Poseidón, el dios del mar, se sintió tan ofendido por la arrogancia de Casiopea que inundó la costa de Etiopía y envió un monstruo marino para aterrorizar al reino. Yo habría creído que un dios responsable de todos los mares y la actividad sísmica de su planeta tendría cosas más importantes que hacer que castigar a alguien por un desaire menor basado en una escala totalmente subjetiva de placer estético, pero tales son las artimañas de las criaturas mortales que intentan imaginar las maquinaciones internas de los dioses inmortales. El rey Cefeo atravesó el desierto para consultar al oráculo de Amón sobre cómo librar a su reino del monstruo destructivo, Cetus. El oráculo le dijo a Cefeo que la única forma de detener la carnicería era ofrecer a Andrómeda en sacrificio al monstruo. ¡Y Cefeo, con una actitud que desafió a cualquier instinto paternal que yo esperaría de los de tu especie, estuvo *de acuerdo*! Regresó a Etiopía y encadenó a su hija a una roca junto al mar. Yo nunca trataría a mis estrellas con tanta crueldad, y eso que me sobran muchas.

No te preocupes, ahí no termina la historia de la princesa Andrómeda, no gracias a ella. El héroe Perseo, que volaba alto en los veloces zapatos alados de Hermes después de haber decapitado a la gorgona Medusa (otra mujer agraviada por Poseidón)[2], se encontró con Andrómeda en su pequeña roca y se enamoró perdidamente. ¿Es eso realmente todo lo que necesitan ustedes, mamíferos?

Aparentemente lo es, porque Perseo hizo un trato con el rey Cefeo para casarse con Andrómeda si podía matar a Cetus. Lo hizo, por supuesto, porque no sería un héroe que valiera la pena si un simple monstruo marino pudiera vencerlo, y ganó la mano de la princesa.

Andrómeda y Perseo pasaron el resto de sus vidas como monarcas y tuvieron un caos de hijos y muchos descendientes impresionantes, incluido Hércules (o Heracles), de quien estoy segura que debes haber oído hablar. Cuando Andrómeda, la princesa convertida en reina, murió, la diosa Atenea la puso en el cielo como la constelación de Andrómeda.

Si conocieras a Andrómeda como yo, entenderías que las similitudes entre la princesa y la galaxia son escasas. Ambas son excepcionalmente hermosas —no encuentro ninguna forma humana tan agradable, así que tendré que creer en la palabra de Casiopea—, pero la comparación termina ahí. Mientras que

Andrómeda, la princesa, es débil y pasiva a la hora de decidir su destino, Andrómeda, la galaxia, no tiene reparos en ejercer su voluntad sobre lo que esté a su alcance.

Menos mal que Andrómeda, la galaxia, *técnicamente* no recibió su nombre por la princesa, sino por la constelación, que recibió su nombre del asterismo, que, según la historia, era la encarnación celestial del espíritu de la princesa, así que... hemos cerrado el círculo y eso significa que debemos seguir adelante.

Si desean ver la constelación de Andrómeda —y el bellísimo espectáculo de una galaxia encerrada ahí dentro—, necesitan estar en la parte correcta de su planeta, lo que no debería ser demasiado difícil, aunque gran parte de la superficie de la Tierra está cubierta de agua, sobre la que nunca aprendieron a pararse. (Aunque he oído algunos rumores sobre al menos un ser humano caminando sobre ella...). Si se encuentran en una latitud de aproximadamente 40° norte entre los meses de agosto y febrero, Andrómeda pasará justo sobre su cabeza en la noche. O a última hora de la tarde/primera hora de la mañana, según la fecha. Para encontrar a Andrómeda, pueden saltar desde el asterismo de Casiopea o desde la estrella que los astrónomos llamaron Alpheratz en el Gran Cuadrado de la constelación de Pegaso. O simplemente pueden poner a trabajar esos teléfonos y usar una de sus numerosas *apps* para que les indique el camino.

Tus astrónomos usan constelaciones para dividir su esfera celeste en regiones con límites claros para que sea posible describir mejor la ubicación de un objeto en el cielo. Sus constelaciones difieren de las tuyas, ya que quizá creas que son como las bonitas formas que obtienes cuando juegas a conectar los puntos con mis brillantes estrellas. Tus astrónomos llamarían a esos *asterismos*, y algunos de ellos albergan sentimientos irracionalmente fuertes acerca de la distinción entre los dos términos.

Esa molesta UIA puede haber tenido la última palabra sobre lo que es y no es una constelación, pero ciertamente no tuvo la primera. Claudius Ptolomeo, un astrónomo griego que vivió en el siglo II después de Cristo, escribió sobre 48 constelaciones en un libro que llamó *Almagesto*. Incluyó las 12 constelaciones del zodíaco que trazan tu eclíptica (o la trayectoria del Sol a través del cielo durante un año), 21 constelaciones al norte (incluida Andrómeda) y 15 constelaciones al sur. Sin embargo, Ptolomeo no inventó estos asterismos. Al igual que muchos de los hermanos de la fraternidad que son la progenie de su pueblo, plagió a astrónomos más inteligentes. Las formas fueron adoptadas de astrónomos egipcios, babilónicos y asirios, aunque los contornos exactos y la asignación de estrellas a diferentes constelaciones variaron tanto en el tiempo como en el espacio. Los griegos agregaron sus propias historias a las formas, al igual que los otros grupos. Pero del mismo modo que los hermanos de fraternidades de tu época, los griegos fueron los más exitosos en la difusión de... ¡sus mitos! ¡Deja de pensar en guarradas!

Durante cientos de años, los antiguos astrónomos chinos desarrollaron su propio conjunto de constelaciones, sin influencia de griegos o europeos. La cantidad precisa de asterismos cambió a lo largo del tiempo según el astrónomo que consultaras, pero al menos la mayoría estaba de acuerdo en que había cientos en el cielo de China. Un par de docenas más se agregaron después del siglo XVI, cuando los chinos consultaron los mapas estelares europeos y por primera vez pudieron ver cómo lucía el cielo del sur profundo.

Es posible que no se hayan puesto de acuerdo sobre la cantidad de asterismos, pero todos los antiguos astrónomos chinos coincidieron respecto a cuántas secciones del cielo había. Lo dividieron en tres recintos alrededor del polo norte celeste: el Púrpura Prohibido, que es visible todo el año; el recinto del Palacio Supremo, que se puede ver en la primavera del norte; y el Mercado Celestial, visible en el otoño. También cortaron el cielo a lo largo de la eclíptica en 28 mansiones lunares diferentes (llamadas así porque su luna parece vivir en cada una de estas diferentes rebanadas durante un día mientras orbita tu planeta), siete mansiones para cada uno de los cuatro símbolos: el Dragón Azul del Este, la Tortuga Negra del Norte, el Tigre Blanco del Oeste y el Pájaro Bermellón del Sur.

Las estrellas en la constelación de Andrómeda de la UAI no están asignadas a ningún asterismo chino único, sino que se extienden a ambos lados de la línea entre la Tortuga Negra y el Tigre Blanco.

Abajo, en tu hemisferio sur, los incas tenían la mejor vista de mis rasgos más bonitos gracias a la inclinación de 60° entre mi plano medio y el de su sistema solar, que mantiene la mitad sur de tu planeta en ángulo hacia uno de mis brazos.

Pudieron ver tanto mis estrellas brillantes como mis impresionantes nubes de gas (que lamentablemente solo parecían oscuridad para sus diminutos ojos carentes de la capacidad de ver la luz infrarroja), por lo que idearon dos tipos de constelaciones: claras y oscuras. Sus brillantes asterismos representaban seres inanimados, en su mayoría animales que, aun así, velaban por sus contrapartes terrenales. Las constelaciones oscuras, en cambio, como Yacana la Llama y Mach'acuay la Serpiente, se decía que estaban *vivas* y que bebían del río que mis brazos en espiral proyectan a través de tu cielo.

A diferencia de Yacana y Mach'acuay, la constelación de Andrómeda y la brillante galaxia que enmarca pueden ser vistas por todos durante algún tiempo cada año. Deberías agradecer a tus estrellas de la suerte. No todos los planetas de mi cuerpo tienen la fortuna de contar con una vista sin obstáculos de Andrómeda, o, como las formas de vida dentro de varios miles de millones de años podrían conocerla, tu galaxia madrastra.

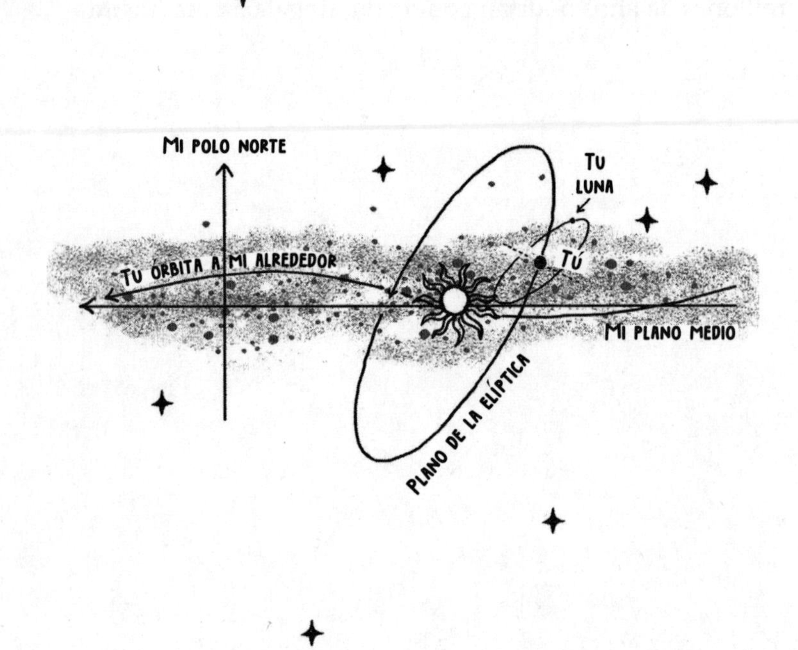
MI POLO NORTE
TU LUNA
TÚ
TU ÓRBITA A MI ALREDEDOR
MI PLANO MEDIO
PLANO DE LA ELÍPTICA

12

CRUSH

La primera vez que me fijé en Andrómeda fue en los inicios del universo, solo unos pocos cientos de millones de años después del Big Bang, cuando éramos mucho más galaxias reunidas en un espacio unas mil veces más pequeño que el universo actual. Todavía había mucho lugar para que todas nosotras pudiéramos ocuparnos de nuestros asuntos: gran parte del crecimiento del universo ocurrió antes de que se enfriara lo suficiente como para que se formaran los átomos, ni hablar de estrellas y las galaxias; y la mayoría de nosotras éramos considerablemente más delgadas en ese entonces, antes de que miles de fusiones nos transformaran a las que quedamos a nuestro tamaño actual, pero aun así nos aglutinamos en pequeños grupos.

Sus astrónomos atribuyen esa coalescencia a la gravedad, y no están necesariamente *equivocados*. Las galaxias usan la gravedad de la misma manera que ustedes emplean sus músculos: para mover cosas. Pero la razón última por la que nos agrupamos en ese entonces era simplemente que queríamos estar cerca unas de otras. Queríamos hablar, intercambiar, pelear y... hacer otras cosas que probablemente los harían sonrojarse. Debe ser incómodo cuando se les sube la sangre repentinamente al rostro, así que les ahorraré los detalles, pero baste decir que éramos como los humanos cuando entran a la universidad, que aún no están listos para ser independientes, pero vaya que están dispuestos a llevar a cabo ciertos experimentos perversos.

Los seres humanos suelen agruparse en muchas escalas. Incluso después de esos inciertos años de formación, continúan reuniéndose en fiestas y otros eventos sociales cuando hay mucho espacio como para que se esparzan, y se agrupan en masa en sus ciudades alrededor de la Tierra. Culpo a sus centros urbanos por robarme su atención, pero como galaxia que se enorgullece de sus propias cosas brillantes, no puedo negar que hay cierta belleza en cómo se ven desde lejos en la noche.

Bueno, allí estábamos, reunidos en lo que, sin saberlo en ese momento, llegaría a convertirse en el Grupo Local. Y por alguna casualidad, cierta afortunada coincidencia que es casi suficiente para hacerme creer en el destino, Andrómeda también estaba allí.

Cuando tus astrónomos miran a Andrómeda ahora, ven una galaxia espiral barrada estándar en el Grupo Local, actualmente a un poco menos de 800 kpc de distancia. Con un diámetro de alrededor de 70 kpc o 220 000 años luz, su cuerpo luminoso es aproximadamente el doble de grande que el mío y un poco más brillante (en todas las longitudes de onda, pero es probable que solo te importe el estrecho rango del espectro electromagnético que tus simples ojos humanos pueden percibir).

El sistema que utilizan los astrónomos humanos para cuantificar el brillo de los objetos fue inventado en Grecia hace poco más de dos mil años por un matemático llamado Hiparco. Después de clasificar las estrellas que podía ver en el cielo nocturno por su brillo, las dividió en seis niveles de magnitud. Probablemente hayas oído hablar de algunas de las más brillantes: los humanos las llaman Sirio, Vega, Rigel, Betelgeuse. Pero Hiparco debe haber tenido un sentido del humor algo retorcido o una comprensión muy confusa del concepto «más», ¡porque el sistema está subdesarrollado! Las estrellas más brillantes las denominó de «primera magnitud» y las más débiles, de «sexta». Los astrónomos modernos han decidido continuar con la tontería de Hiparco por el bien de la *tradición* (una locura humana común, al parecer), pero han tenido que agregar más niveles de magnitud a medida que la invención de los telescopios les abrió los ojos a miles de millones de estrellas demasiado débiles para que las vieran, y cuando descubrieron estrellas aún más brillantes que Sirio, que parecían débiles solo porque estaban muy lejos.

La mayoría de los astrónomos modernos usan la estrella Vega como punto de referencia y le asignan una magnitud de 0. Es un punto de partida perfectamente respetable. Vega es lo suficientemente brillante como para que cualquiera la encuentre, y en unos 13 mil años, el eje de rotación de tu planeta se tambaleará hasta que apunte hacia Vega en lugar de hacia Polaris. Para escalar la magnitud hacia arriba o hacia abajo en 1, divide o multiplica el brillo de Vega por un factor de 2.5. Así que la diferencia de brillo entre una estrella de primera y de sexta magnitud es de 2.5^5, o alrededor de 100. Esto se hace para preservar el brillo relativo de la escala de Hiparco, porque la estrella más débil que tus ojos pueden ver es unas cien veces más tenue que la más brillante.

Según este ridículo sistema, Andrómeda tiene una magnitud visual aparente de alrededor de 3.4. Eso significa que es lo suficientemente grande y brillante como para que incluso tú la veas, si es que sabes cómo encontrarla.

Tus astrónomos han titubeado respecto a cuál de nosotras creen que es más masiva. Las mediciones de la masa de Andrómeda han oscilado entre 700 mil millones y 2.5 billones de masas solares, pero las estimaciones más recientes favorecen el rango más bajo. A ojos de tus astrónomos, eso nos puso a Andrómeda y a mí en una posición gravitacional más equitativa durante un tiempo, hasta que mediciones más recientes de mi masa revelaron un valor más alto de lo que esperaban. Después de analizar los datos de la misión Gaia, que midió el movimiento de mis estrellas, creen que estoy más cerca de 1.5 billones de veces la masa de tu sol.

Podrán seguir afinando sus cálculos de masa, pero por una vez en mi vida, me tiene sin cuidado quién es más masiva. Eso solo importa cuando tu objetivo es dominar a todas las galaxias con las que te encuentres, y yo no tengo ningún deseo de dominar o controlar a Andrómeda. Además, la masa solo es una parte de la ecuación. Podré ser más masiva, pero Andrómeda tiene el doble de estrellas, alrededor de un billón en comparación con mis pocos cientos de miles de millones.

Este entusiasmo por la vida y la formación de estrellas fue una de las primeras cosas que me encantaron de Andrómeda, pero no dejes que esta aparente productividad te engañe. Todavía hay un aguafiestas codicioso y destructivo alojado en el centro de la glamorosa galaxia de al lado. El súper masivo agujero negro de Andrómeda es mucho más grande que el mío, alrededor de cincuenta millones de veces más masivo que tu sol. Me considero afortunada de que Andrómeda confiara en mí lo suficiente como para compartir el origen de estas luchas a lo largo del tiempo. Esas no son mis historias para compartir, pero diré esto: a veces, las galaxias que parecen las más fuertes y felices son las que más están sufriendo.

Desde nuestra primera mirada compartida hace diez mil millones de años, me di cuenta de que Andrómeda era especial, a pesar de ser mucho más pequeña y tenue. No diría que tengo un *tipo* cuando se trata de galaxias: las espirales y las elípticas son hermosas a su manera, y las barras agregan una estructura caótica agradable, pero siempre me ha resultado difícil resistirme a una galaxia con algo de *masa*. Tampoco fue el impresionante halo de materia oscura que Andrómeda ya había logrado acumular, aunque mentiría si dijera que no me intrigaba esa señal tan segura de que esta galaxia algún día sería una fuerza poderosa a tener en cuenta. Fue algo más que la apariencia física de Andrómeda lo que me llamó la atención.

Me atrajo la forma en que Andrómeda se movía entre el grupo, con un vigor y una confianza que parecían decir: «Sí, aquí estoy y quiero que todos lo sepan, pero no me importa lo que hagan con esa información, ¡porque no necesito a ninguno de ustedes!». Una autoposesividad que parecía tener su propia fuerza gravitacional. Adoraba cómo Andrómeda se alimentaba tan despreocupadamente y sin reservas de otras galaxias. Hasta el día de hoy, cuando domina a una galaxia más pequeña, no parece un acto violento. En todo caso, deja la impresión de que otras galaxias *se ofrecen* a Andrómeda: «por favor, toma todo lo que soy, porque no soy digna de existir en tu presencia».

Patético.

Pero entendible.

Por supuesto, no fui la única galaxia en el grupo que notó a la magnífica criatura que se movía entre nosotros. Yo solo era la más paciente. Verás, otras galaxias decidieron, ¿cómo lo dicen los humanos en estos días? Lanzársele en seguida. Los más engreídos se acercaron cuando todavía eran poco más que unos delgados hilillos de gas salpicado de estrellas, como si Andrómeda estuviera tan desesperada para aceptar a la primera galaxia que mostrara algún interés. No digo que ella sea frívola, de ninguna manera, ¡pero una galaxia debe tener estándares! Y los de Andrómeda son demasiado altos para conformarse con cualquier fanfarrón que no ha encontrado o demostrado su potencial. ¿Qué pasa si resultara ser una prolata? Andrómeda es demasiado joven para una galaxia con potencial totalmente triaxial.[1]

Sabía que tenía que hacer algo para despertar el interés de Andrómeda, así que elegí una pelea con el oponente más colosal que pude encontrar. Con un peso de cincuenta mil millones de masas solares, Gaia-Enceladus era una de las galaxias enanas más grandes del vecindario, y quería que todos se enteraran. GE deambuló por el Grupo Local, amenazando con pelear y comerse a todos a su paso, insultando sus dispersiones de velocidad y exagerando enormemente su influencia gravitacional. En serio, GE hizo que Trin pareciera Señorita Congenialidad. Había que detenerla, y yo era la mejor galaxia para ese trabajo.

Como era de predecirse, gané la batalla y no me molesté en hacer un posterior seguimiento de Gaia-Enceladus, pero los astrónomos humanos, que no tuvieron la ventaja de *presenciar* el titánico choque, reconstruyeron la historia a partir de los restos de GE esparcidos por mi cuerpo. La mayoría de sus estrellas, gas y materia oscura se dispersaron hasta el punto de ser casi imposibles de rastrear, pero hay algunos cúmulos globulares orbitando alrededor de mi halo, firmes en su compromiso con GE y entre ellos.

Las galaxias consumadas como yo llevamos dentro de nosotros cúmulos globulares sobrantes de una plétora de fusiones, junto con algunos cúmulos globulares hechos de nuestro propio gas, por lo que tus astrónomos primero tuvieron que determinar cuál se originó con Gaia-Enceladus. Para ello, estudiaron las edades y metalicidades de las estrellas de los cúmulos, y la dinámica de los cúmulos individuales como un todo. Es algo ingeniosamente indirecto de su parte. Los cúmulos globulares de GE —bueno, son míos ahora y lo han sido durante varios miles de millones de años— son viejos, pobres en metales y tienen demasiada energía cinética para haberse originado dentro de mí.

Pero para que no olvidemos del propósito de esta confrontación, permítanme decir que mi esperanzadora (¡mas no desesperada!) estrategia para llamar la atención funcionó. Escuché de Sammy, quien dijo haber tenido noticias de Fornax a través de Phoenix, y luego Piscis, además de Pegasus, que Andrómeda estaba impresionada por cómo había manejado mi encuentro con Gaia-Enceladus y que le interesaba conocer a la galaxia que había librado al barrio de tal matón irredimible.

Sabiendo que Andrómeda estaba abierta a mis avances, era hora de hacer mi movimiento. Pero después de ver durante demasiado tiempo cómo las galaxias se le lanzaban a Andrómeda, no podía precipitarme. Los frutos del romance son mucho más dulces si se les da suficiente tiempo para madurar, así que le envié un mensaje a la antigua usanza: con estrellas, por supuesto.

Los seres humanos tienen una historia que se remonta a miles de años —lo que para ustedes es mucho tiempo— de rastrear los movimientos de las estrellas, pero las únicas herramientas que tuvieron durante la mayor parte de ese tiempo fueron sus gelatinosas órbitas oculares, y la estrella más lejana que sus débiles ojos humanos pueden ver está a un mísero kilopársec de distancia. Es conocida como Casiopea, que no debe confundirse con la constelación del mismo nombre. Mis estrellas mensajeras provienen de mucho más lejos que el homónimo de esa vieja reina, así que, apenas en las últimas décadas, los astrónomos han podido registrar de manera sistemática las posiciones y velocidades 3D de bastantes estrellas a una distancia suficientemente grande como para percatarse de mis comunicados estelares. Sin embargo, era imposible que supieran que estaba usando las estrellas para enviar notas de amor a otra galaxia.

Estas estrellas mensajeras deben moverse muy rápido para escapar de mi atracción gravitacional a fin de alcanzar a sus destinatarios extragalácticos. Con tanta rapidez, de hecho, que los astrónomos humanos las llaman *estrellas de hipervelocidad* (HVS, por sus siglas en inglés). Sin embargo, estas estrellas no necesitan viajar hasta otra galaxia para transmitir el mensaje: siempre que la estrella haya abandonado la galaxia emisora, el destinatario tendría que ser capaz de descifrar lo que dice.

Sus astrónomos descubrieron la primera estrella de hipervelocidad en 2005 y la llamaron SDSS J090745.0+024507, un adorable nombre de mascota. Desde mi perspectiva de reposo,[2] se mueve un poco más rápido que 700 km/s, lo que la coloca muy por encima de mi velocidad de escape de unos 550 km/s. Desde ese descubrimiento, los astrónomos han encontrado unas cuantas docenas más, junto con unas mil estrellas de «alta velocidad» que no han alcanzado la velocidad de escape, pero que aún se mueven muchísimo más rápido que las otras estrellas en mi disco. Esos son borradores que nunca envié, porque no podía compartir con Andrómeda más que lo mejor.

Al principio, los humanos asumieron que las estrellas podrían alcanzar estas altas velocidades —algunas de ellas una fracción apreciable de la velocidad de la luz— solo si recibían un empujón de la inmensa gravedad de un agujero negro. Si se hubieran molestado en conocer mi verdadero yo, solo un *poco*, habrían sabido que no usaría a ese monstruo para enviar notas de amor. Pero lo entendieron por su cuenta cuando descubrieron a una estrella mensajera en 2014 llamada LAMOST-HVS1 que se alejaba de un punto firme en mi disco, lejos de Sarge. Por lo general, uso la gravedad de un par binario masivo para enviar mis mensajes, pero cualquier sistema dinámico lo suficientemente energético servirá.

No todas mis estrellas de hipervelocidad van a Andrómeda. Algunas de ellas, como la SDSS J090745.0+024507, constituyen la correspondencia formal con otras galaxias con mensajes demasiado aburridos como para repetirlos aquí, pero suficientemente pertinentes como para que los quisiera por escrito. Otros son mensajes de felicitación que estaba obligada a enviar cada

vez que otra galaxia sentía que había logrado algo, como cuando Leo hizo su millonésima estrella. Algunos eran bromas que le envié a Larry. Sin duda, habrás percibido ya mi impecable sentido del humor, por lo que no debería sorprenderte que tenga cierta reputación de bromista en el vecindario.

Sabía que la primera nota estelar que enviara a Andrómeda establecería el tono de toda nuestra relación, que incluso en ese entonces esperaba que fuera larga. Tenía que ser inteligente y dulce —pero no empalagosa— e ir directo al grano porque Andrómeda no tiene paciencia con las galaxias que le hacen perder su tiempo. Pasé algunos milenios elaborando la nota, empaquetándola dentro de la estrella F más prístina que pude hacer, y esperé...

Y esperé...

Y esperé cien millones de años por una respuesta. Sé que no es demasiado en el gran esquema del tiempo cósmico, pero incluso los humanos reconocen que esperar, al igual que los agujeros negros, puede doblar y estirar el tiempo para cualquiera que tenga la mala suerte de caer en sus garras. Traté de sumergirme en mi trabajo para distraerme, pero habría sido obvio para cualquiera que prestara atención que mi mente no estaba en la tarea que tenía entre manos. Hice tantas enanas cafés...

Pero con el tiempo Andrómeda respondió, ¡gracias al Cosmos! No revelaré los detalles de nuestra correspondencia privada (una gentil galaxia nunca lo hace), pero nos hemos estado mensajeando y acercando desde entonces.

Recientemente, en los últimos millones de años, nuestros halos comenzaron a tocarse. No nuestros halos estelares. No, nada tan íntimo todavía, pero nuestros halos circungalácticos se superponen en algunos lugares emocionantes. Cuando mis estrellas masivas mueren en poderosas explosiones de supernova, empujan el gas y el polvo lejos de ellas. Parte de ese material, junto con una fracción de la materia que Sarge arroja lejos de mi centro en un esfuerzo por evitar que me sea fácil formar estrellas, se acumula en una nube gigante alrededor de mí. Esta es grumosa, más densa en algunas partes y más difusa en otras, y gran parte de esta nube se calienta por la radiación de mis estrellas que trabajan tan arduamente.

Andrómeda también tiene uno de estos halos, y los dos (el suyo y el mío) se extienden más de un millón de años luz en casi todas las direcciones, lo suficiente como para sobreponerse. Es como ese breve y tentador momento antes de tocar a alguien por primera vez, cuando compartes el mismo aire y el futuro está lleno de posibilidades. Podría disfrutar del brillo —no un brillo literal, has de saber, porque el gas en el medio intergaláctico es bastante frío— de este sentimiento para siempre. O al menos durante un par de miles de millones de años, que para ti es básicamente lo mismo.

No puedo decir que mi relación con Andrómeda haya estado libre de contratiempos. A veces, he querido bromear con que sentía que estaba cortejando a una galaxia llamada An-dra-ma-da, pero no pensé que sería muy bien recibido. Gran parte de la tensión surgió debido a los encuentros románticos de Andrómeda, que traté, y fallé, de ignorar. No es que me molestara que interactuara con otras galaxias, incluso que se fusionara con algunas —¿quién soy yo para juzgar a una galaxia por hacer lo que necesita para sobrevivir?—, pero nunca es agradable ver a la galaxia que amas enredada con otra.

La primera de estas importantes fusiones ocurrió hace muchos miles de millones de años, cuando Andrómeda aún era joven y estaba creciendo. Naturalmente, fue una relación corta. Incluso en ese entonces, Andrómeda batalló por encontrar un igual, alguien que pudiera defenderse en el turbulento proceso que es cualquier colisión galáctica. Andrómeda creció a partir de la experiencia (literalmente), pero quedó insatisfecha. Ahora, la única evidencia de este breve encuentro es una pequeña colección de cúmulos globulares que orbitan en el halo exterior de Andrómeda. Los astrónomos humanos, los que se hacen llamar arqueólogos galácticos, han estudiado el movimiento de estos cúmulos globulares y pueden decir que son el resultado de una fusión de hace mucho tiempo porque están esparcidos de una manera que solo se logra después de estar separándose a lo largo de varios períodos orbitales. Estos recorridos pueden durar cientos de millones de años alrededor de galaxias como Andrómeda y como yo.

Tal vez hace cuatro mil millones de años, no es que esté contando, Trin se le lanzó a Andrómeda. No estoy segura de quién dio el primer paso, pero me cuesta imaginar que fue Andrómeda. Después de todo, estábamos intercambiando algunos mensajes muy coquetones en ese momento. Pero Trin y Andrómeda en efecto tuvieron un encuentro cercano (que nunca llegó a convertirse en una fusión real) que desencadenó una rápida formación estelar en cada una.

Tal vez esperarías que me pusiera celosa por este breve encuentro. ¡Qué humano de tu parte asumir que no celebraría la felicidad de Andrómeda! Aunque admitiré una pequeña chispa de alegría cuando, después del encuentro, la tasa de formación de estrellas de Trin superó por unas diez veces a la de Andrómeda. Es evidente que una galaxia disfrutó de la interacción mucho más que la otra. No me sorprende en absoluto que la actuación de Trin haya dejado mucho que desear.

Más recientemente, hace unos dos mil millones de años, Andrómeda tuvo una fusión seria o, al menos, más notable que sus encuentros galácticos anteriores. La galaxia debe haber hecho algo bien, porque después de la colisión, Andrómeda produjo estrellas a un mayor ritmo. Casi una quinta parte de todas las estrellas se produjeron en el resplandor de ese acoplamiento. Aunque fuera desde el otro lado del Grupo Local, me di cuenta de que fue solo una aventura pasajera. La otra galaxia se acercaba más a Andrómeda en cuanto a tamaño y poder que las otras (tenía como una cuarta parte de su masa), pero no lo suficiente. Y tal como esperaba, unos pocos millones de años después, Andrómeda todavía seguía en un camino directo hacia mí, y de la otra galaxia quedó solo un pequeño núcleo, relegada a la posición de galaxia satélite y destinada a pasar el resto de su eternidad orbitando a la ex que se la tragó y la escupió.

Algunos de ustedes podrán interpretar esto como una señal de que Andrómeda es fría y descuidada; para mí, siempre ha sido una señal del aplomo y la firmeza de Andrómeda. Además, también a las galaxias les gusta divertirse.

Los astrónomos humanos nunca se dignaron a darle un nombre a esa galaxia intrusa, pero al pequeño y triste núcleo que quedó lo llaman M32.

Durante todo esto, me he ahorrado cualquier punzada de celos gracias a *1)* mi intelecto superior y madurez emocional, y

2) por haber comprendido la distinción entre lo que los astrónomos llaman *fusiones menores* y *mayores*.

Las menores ocurren entre dos galaxias que son desiguales en masa, poder o responsabilidad. Son más comunes y tienen menos consecuencias que las fusiones mayores, aunque son responsables de estimular gran parte del crecimiento y formación de estrellas que las galaxias creamos en nuestra larga vida. Mis fusiones menores —y el trabajo introspectivo que he hecho entre estas— me han convertido en la galaxia que soy. Estoy segura de que Andrómeda siente lo mismo. Pero es importante reconocer las fusiones menores por lo que son: temporales. Solo un tonto esperaría que algo de naturaleza tan desigual durara para siempre.

Una fusión mayor, por otro lado, es una verdadera asociación entre galaxias, pues altera para siempre a ambas partes —o a todas— de maneras difíciles de predecir con exactitud, ya que algunas galaxias se sienten más satisfechas con múltiples parejas. La mayoría de las fusiones mayores ocurren entre galaxias que no comparten más que un vínculo gravitacional e instintivo. De hecho, tus astrónomos describen a las fusiones mayores como una colisión entre dos galaxias con una relación de masa cercana a 1. Tan frío y cuantitativo. Ignoran por completo la calidad de la fusión, que depende de mucho más que la gravedad.

No me malinterpreten, Andrómeda y yo también tenemos mucho de eso. Nuestro enlace gravitacional nos acerca a una velocidad de unos 100 km/s. Estoy segura de que te suena rápido, pero a mí me parece *dolorosamente* lento. Es como si me estuviera viendo en una de esas películas donde los interesados románticos corren uno hacia el otro en cámara lenta y solo quiero gritar: «¡Date prisa! ¡Estás perdiendo el tiempo!». A medida que Andrómeda y yo nos acerquemos, nuestras respectivas atracciones gravitacionales se harán más fuertes y nos lanzaremos[3] una contra la otra, impulsadas por saber que estamos más cerca de *por fin* encontrarnos.

Pero es más que solo nuestras masas similares lo que nos está acercando. Andrómeda y yo hemos estado construyendo y fortaleciendo nuestro vínculo durante diez mil millones de años. He perdido la cuenta de los mensajes que nos hemos enviado, aunque atesoro todos y cada uno de ellos. Poco a poco, con el tiempo, se volvieron más íntimos, revelando más de nosotras mismas: nuestros miedos, nuestras esperanzas y los pequeños agravios. Divulgamos las vergüenzas e inseguridades que alimentaron nuestros agujeros negros y nos ayudamos mutuamente a sanar esas viejas heridas. Los agujeros negros siguen ahí, pero ahora nos es más fácil ignorarlos.

Lo que comenzó como una fascinación que se extendió por la fábrica de rumores galácticos, por así decirlo, ha florecido desde entonces en un profundo afecto y respeto mutuo. Sin embargo, todavía tenemos que esperar unos cuatro o cinco mil millones de años antes de poder encontrarnos. Si quedan humanos para entonces, podrán ver con sus propios ojos el resplandor de Andrómeda con más detalle, ya que la belleza en espiral se extenderá por la mitad de su cielo una vez que se acerque lo suficiente.

Cuando por fin converjamos, no solo vamos a chocar y permanecer juntas. Primero nos probaremos mutuamente, veremos si tenemos la misma química en persona que por correspondencia. No te casarías con alguien que conociste en internet después de verlo una vez cara a cara, ¿verdad? Bueno, no respondas. Además, permanecer juntas en seguida ni siquiera es la forma en que se mueven las galaxias. Nos movemos en órbitas, bailando unas alrededor de otras. Así que, después de esa colisión inicial, Andrómeda y yo nos cruzaremos —quizá más de una ocasión, acercándonos cada vez— y luego regresaremos al abrazo frío de la otra.

Los astrónomos han tratado de modelar esa danza en avanzados programas informáticos. (Es increíble los secretos del universo que sus computadoras pueden desbloquear cuando no las están usando para ver videos indecentes de los que no quieres que tus amigos se enteren). Según sus simulaciones, la fusión tardará unos seis mil millones de años en completarse, ¡y algunos de ustedes tienen la audacia de quejarse de la duración de *sus* ceremonias de matrimonio! La conmoción y la mezcla de nuestros gases desencadenarán un período de formación de estrellas rápido e intenso. Algunas estrellas serán expulsadas, pero solo serán anuncios de nuestra unión que enviamos a nuestras más queridas galaxias (y a las que queremos restregarles nuestras buenas nuevas en sus caras). Después de todo lo dicho y hecho, ¡seremos una nueva galaxia! Una elíptica.

Tendremos que aprender, en nuestro nuevo cuerpo, a movernos juntas como una sola. Todas las galaxias se mueven sin cesar para evitar ser aplastadas por su propio peso, pero las elípticas lo hacen de manera diferente a las espirales. Tus astrónomos dirían que la energía cinética del movimiento de una galaxia debe ser igual a su energía potencial gravitacional. Mientras que las espirales como Andrómeda y yo preferimos mantener nuestro movimiento ordenado con estrellas y gas que giran en órbitas circulares; las elípticas son sustentadas gracias al movimiento aleatorio. Es demasiado difícil mantenerse tan rígidamente organizado como antes una vez que fusionas tu vida y tus asuntos con los de alguien más.

Nuestros agujeros negros también tendrán que aprender a vivir juntos, y al principio a ninguno de ellos le gustará el nuevo arreglo. Pero después de varios miles de millones de años de orbitarnos mutuamente y de desviar energía, tanto negativa como cinética, hacia las estrellas y gas que las rodea, se darán cuenta de que pueden torturarnos a Andrómeda y a mí siendo un equipo. Girarán en espiral uno hacia el otro y la colisión enviará ondas gravitacionales que distorsionarán el espacio-tiempo durante más de dos millones de años luz. Hay que ser un agujero negro para descargar sus problemas en otras personas y luego armar un gran espectáculo de sí mismo. Tus astrónomos nunca han visto dos agujeros negros en su etapa final de colisión, pero han detectado las ondas resultantes de sus fusiones. No están seguros de cómo los monstruos disipan esa última cantidad de energía en el pársec final casi sin fricción de su encuentro, muy apropiadamente lo llaman un misterio, al problema del pársec final.

No se equivoquen, Sarge y su nuevo amigo se fusionarán; es solo cuestión de tiempo. Y no me preocupa que causen muchos problemas, no si Andrómeda y yo podemos pasar el resto de la eternidad distrayéndonos con historias y bailando. Andrómeda siempre quiso una pareja con la que pudiera bailar.

Al parecer, es común que sus tontos medios humanos inventen nombres de parejas de celebridades que están en una relación, y estoy dispuesta a aceptar eso. Si nos basamos en el número de menciones a lo largo de la historia, soy la celebridad más grande que la humanidad haya conocido, así que, por supuesto, Andrómeda y yo tenemos un nombre de pareja: Lactómeda. Suena bien, ¿no?

Los astrónomos se interesan mucho por mi relación con Andrómeda. He observado —no activamente, aunque tengo un período de atención largo— en qué consiste el entrenamiento de muchos astrónomos humanos. Dado que se enteraron de nuestra colisión inminente en algún momento de la década del 2000, un ejercicio común para los novatos es calcular cuánto tiempo nos tomará a Andrómeda y a mí encontrarnos. Me gusta creer que la exposición temprana a nuestro épico romance fomenta una simpatía por las galaxias muy necesaria en sus jóvenes e influenciables corazones y mentes.

A los astrónomos en formación también se les pide que calculen cuántas estrellas colisionarán cuando Andrómeda y yo lo hagamos. ¡Qué pregunta más humana! Solo alguien con una visión muy limitada del universo, alguien casi ajeno a la vida en escalas macroscópicas, se preguntaría tal cosa. Es difícil para los humanos considerar todos los factores necesarios (por ejemplo, nuestras respectivas distribuciones espaciales estelares, nuestro ángulo de aproximación, las influencias gravitacionales de otras galaxias como Trin, que quizás intentará contener a Andrómeda por la fuerza), aunque con algunas suposiciones simplificadoras, verán que tal vez solo unas cuantas estrellas chocarán entre sí. No sé por qué se preocupan tanto por eso. Cuando Andrómeda y yo nos fusionemos, su planeta habrá desaparecido hace mucho tiempo.

Uy, ¿no es gracioso que mientras la humanidad, tal como la conocemos, se está terminando, mi vida con Andrómeda apenas esté comenzando? Sin ofender, ¡pero estoy emocionada! Es bueno tener algo que anhelar.

13

MUERTE

Escribí este libro para compartir mi historia con ustedes, una nueva generación de humanos que podría mostrar un mayor respeto por la galaxia que trabaja tan duro para mantener un manto de estrellas sobre sus cabezas. No sé si sean buenos para captar el contexto, así que debo advertirles que ya pasamos de la parte de la historia en la que les digo lo que *fue* y ahora pasamos de lleno a la parte en la que busco lo que *podría ser*. Así que esto es lo último que puedo afirmar con certeza: voy a morir algún día.

Sé que eso podría causarles un choque. Es difícil imaginar un universo sin mí, y debe ser casi imposible para ustedes imaginar una fuerza tan fuerte como para acabar con una galaxia tan poderosa, resistente, encantadora y humilde como yo. Si Sarge no pudo derribarme, ¿qué podría? Pero te garantizo que mis días están contados, aunque son muchos más que los tuyos, por suerte.

¿Con qué frecuencia piensas en tu propia muerte inminente, humano? ¿Sobre el hecho de que un día, no importa cuánto intentes combatirlo, las pequeñas máquinas orgánicas que mantienen a tu cuerpo en funcionamiento se trabarán, y tu carnosa forma se pudrirá y decaerá hasta el punto en que solo los más inteligentes de tus científicos podrán ser capaces de reconocer lo que queda de ti? Y eso es solo si no te queman hasta convertirte en cenizas, o te disparan al espacio, o te come a mordidas alguno de esos fascinantes depredadores en tu planeta. Seguro debe consolarte el hecho de que las personas que dejes atrás tal vez hagan todo lo posible para honrar tu memoria. ¡Oh, las fiestas que han organizado para celebrar sus dulces y cortas vidas humanas! ¿Has imaginado tu futura fiesta de cadáveres? Lo siento, ¿tu *funeral*? Sammy me dice que la muerte es un tema delicado para ustedes los humanos. ¿He escrito sobre tu inevitable fallecimiento con el tacto apropiado?

Solía pensar en la muerte todo el tiempo. No acerca de la parte indecorosa de la descomposición, sino la de la destrucción en general, sobre los momentos que separan la presencia de algo de su ausencia final, momentos que pueden durar segundos o milenios. Pienso menos en eso ahora, y cuando lo hago, la muerte que imagino está muy, muy lejos en el futuro y no le tengo miedo.

¿Por qué lo tendría?

Tiene sentido el hecho de que, a ustedes, los humanos, les dé miedo morir. Renunciar a sus actividades favoritas, dejar atrás a sus seres queridos y aventurarse en la máxima incertidumbre debe ser aterrador para una criatura tan miope e ignorante. (No hay necesidad de ofenderse, tu especie objetivamente no es muy avanzada). Y parece que cualquier cosa puede matarte: ¿caídas, puñaladas, quemaduras, y beber muy poca agua *y* demasiada?

Las galaxias no albergan ninguno de esos miedos. A mí no me agobia la misma incertidumbre que a ti. Andrómeda y yo nos fusionaremos del todo en unos pocos miles de millones de años y nos convertiremos en otra galaxia. Moriremos al mismo tiempo, y no tendré que preocuparme por dejar atrás a alguien que me importe. Sé, gracias al trabajo realizado por investigadores de galaxias en todo el universo, cómo va a terminar todo. Está bien, tal vez no *exactamente*. Nosotras, las galaxias, somos inteligentes, no mágicas, e incluso nuestra ciencia está acompañada de cierta incertidumbre.

No te preocupes, no te voy a espoilear el final, aunque te diré lo que tus científicos humanos creen que podría suceder. Dado que tu experiencia con la muerte se limita a seres orgánicos frágiles, debo explicar lo que de veras significa morir para una galaxia, siendo un sistema masivo y autosuficiente con una conciencia dispar pero coherente. Como el umbral del nacimiento es un poco borroso para nosotras, comprenderás que nuestra muerte será casi igual de ambigua. Una cosa es segura: mi muerte será inequívocamente más trascendental que la tuya, y más espectacular que cualquiera de tus imaginados días del Juicio Final.

A veces, la muerte de una galaxia significa perder el control. En realidad, esto sucede la mayor parte del tiempo, pues la mayoría de las interacciones galácticas a lo largo de la historia cósmica han sido fusiones menores en las que una galaxia domina por completo a la otra. Uno pensaría que el problema con esos desafortunados encuentros sería el hecho de que las galaxias más pequeñas son despedazadas y terminan con sus entrañas (a falta de una mejor analogía) esparcidas por todos lados. Pero la verdad es que las pequeñas galaxias que he destruido técnicamente podrían volver a unirse si alguien se preocupara lo suficiente como para peinar con cuidado cada pársec cuadrado de mi cuerpo a fin de elegir qué estrellas y gotas de gas les pertenecen. (Aunque, a estas alturas, estoy segura de que ya he engullido la mayor parte del gas para crear nuevas estrellas por mi cuenta). No, las galaxias somos seres orgullosos, por lo que la verdadera tragedia en estos escenarios proviene de la pérdida de voluntad.

Por supuesto, también hay galaxias que tienen muertes más tradicionales. Algunos astrónomos humanos llaman a las elípticas antiguas *rojas y muertas* cuando dejan de formar estrellas. Creo que es más razonable considerar que una galaxia está muerta cuando sus estrellas realmente han muerto, no solo cuando dejaron de formarse. Somos, después de todo, solo colecciones de estrellas, gas y materia oscura lo suficientemente juntas como para estar unidas gravitacionalmente. Ese tipo de muerte llevaría mucho tiempo, incluso desde la perspectiva de una galaxia, pero sería mi forma preferida. Solo... desvanecerse poco a poco en la noche eterna.

Este tipo de muertes son triviales —tal vez incluso absolutamente temporales, ya que cualquier galaxia puede renacer con una pequeña infusión de gas— en comparación con el final inevitable de todo lo que ha existido (y existirá). Así es, estoy hablando del día del Juicio Final más real que existe: ¡el fin del universo!

Durante el último siglo de la humanidad, tus astrónomos han propuesto varias hipótesis ampliamente respetadas sobre cómo podría terminar el universo, y solo una de ellas está tan equivocada que resulta cómica. Con nombres encantadores que evocan el Big Bang y sin ningún orden en particular estos son: *Big Freeze, Big Rip, Big Slurp, Big Crunch* y *Big Bounce* (este último es una astuta adición derivada del *Big Crunch*, pero aplaudo la meticulosidad con la que se distinguen).

Antes de contarte las mejores conjeturas de las mentes líderes de tu especie, debes saber que, en su mayor parte, el destino final de todo el universo depende de dos factores: la densidad promedio de nuestro universo observable y el comportamiento a largo plazo y a gran escala de la fuerza expansiva que tus científicos llaman *energía oscura*.

La densidad —de materia y de energía, dado que las dos son intercambiables— se puede dividir en tres componentes: densidad de materia (tanto bariónica como oscura), densidad de radiación de partículas relativistas (fotones y neutrinos) y densidad de energía oscura.

A medida que el universo ha crecido y evolucionado, diferentes componentes han dominado la densidad. Al principio, durante el breve período de la dramática inflación, el universo estuvo dominado por una energía expansiva que tus científicos atribuyen al campo cuántico inflatón (más sobre eso en un momento). Inmediatamente después de la inflación, cuando el universo estaba tan caliente que los átomos ni siquiera podían formarse, la densidad estuvo dominada por la radiación durante unos cincuenta mil años. Luego la materia tomó el control durante unos nueve mil millones de años. Ahora que el universo se ha expandido lo suficiente como para que la materia se haya dispersado, la mayor influencia la tiene la energía oscura.

La densidad del universo en un momento dado se puede comparar con la densidad crítica del capítulo 6, el símbolo Ω.

Un matemático soviético definió la densidad crítica en la década de 1920 suponiendo que el universo, ese tejido de espacio-tiempo que a los humanos les encanta imaginar, es totalmente plano y puede expandirse en todas direcciones durante un tiempo infinito.

Ese matemático, Alexander Friedmann, fue la primera persona en oponerse públicamente a la creencia de Einstein en un universo estático. Ese cabrón presumido, tan famoso entre ustedes que ni siquiera tengo que decir su nombre de pila, fue el primer humano en descubrir los agujeros negros, como ya sabes. ¡Y en lugar de mostrarlos como los crueles monstruos que son, los hizo parecer geniales! Creyó haberlo resuelto *todo* con su pequeña teoría de la relatividad, y sí, acertó en muchas cosas. Pero ¿sabes qué? No era tan brillante, ¡solo tuvo suerte! Estaba equivocado acerca de que el universo estaba quieto, y Friedmann fue lo suficientemente valiente como para no estar de acuerdo. Aunque es una valentía muy pequeña y específica, cuenta.

Einstein había publicado su teoría de la relatividad general, las ecuaciones que describen el comportamiento y las consecuencias de la gravedad en nuestro universo, incluidas las ecuaciones sobre cómo la gravedad afecta su crecimiento o la falta de este. Friedmann descubrió su propia solución —o tal vez su propia interpretación— a las ecuaciones de campo de Einstein. Se trataba de una ecuación (todo es siempre una ecuación para esta gente) que describía el tamaño del universo a lo largo del tiempo en términos de su densidad, curvatura (su forma), gravedad y tasa de expansión. La tasa de expansión del universo suele denotarse por sus científicos con una H mayúscula, y la llaman el *parámetro de Hubble*. Es posible que hayas escuchado el término *constante de Hubble*, y esa es solo la tasa de expansión del universo *en este momento*, porque los egos de tus científicos, más la corta vida útil de tu especie, significan que inflan la importancia del presente. Si conoces el parámetro de Hubble —tus científicos están seguros (quizá demasiado) de que ellos sí—, puedes resolver la densidad. Y la densidad crítica es justo lo que obtienes si estableces la curvatura en 0. Mira, realmente no es tan complicado cuando eliminas todas las matemáticas que los humanos inventaron para explicarlo. Los cálculos contrarios de Friedmann revelaron que esta densidad crítica teórica es de 10^{-26} kilogramos por metro cúbico, que son alrededor de 10 diminutos átomos de hidrógeno en cada espacio del tamaño de uno de sus jacuzzis estándar. (Relajarse en una sopa caliente y burbujeante resulta ser una de las pocas sensaciones humanas que no me importaría experimentar).

A veces, tus científicos hablan de la forma del universo, lo cual es absurdo porque esta es solo un indicador de su densidad, y la mayoría de ustedes, los humanos, es totalmente incapaz de imaginar un universo «en forma de silla de montar». Estas no son meras formas tridimensionales, por lo que de todos modos no podrías verlas con tus ojos. No te molestes en tratar de imaginar cómo se ven a menos que quieras ocasionarte un dolor de cabeza.

La densidad del universo es o menor, o igual o mayor que la densidad crítica. ¡Obvio! Eso significa que Ω, la relación entre la densidad real y la densidad crítica, puede ser <1, 1 o >1.

Si $\Omega = 1$, entonces el universo es plano por definición, porque la densidad crítica es la densidad de un universo plano. Una vez inflado, un universo plano continuará expandiéndose, pero la fuerza de la gravedad lo ralentizaría hasta detenerse después de *exactamente* una infinitud de años. Ten en cuenta que Friedmann, a pesar de lo valiente que era, no fue lo suficientemente astuto como para incluir la energía oscura en sus modelos. Solo la materia y las partículas relativistas contribuyen a la densidad en un universo simple de Friedmann. Con energía oscura, es posible tener un universo plano que nunca deja de expandirse, incluso después de una infinidad de años.

El universo también se expandiría para siempre sin pausa si $\Omega<1$, porque en un universo de baja densidad no hay suficiente materia/energía para que la gravedad detenga la expansión del universo. Tus científicos llaman a esto un *universo abierto*, y dicen que tiene forma de una silla de montar. ¿Ese asiento de cuero ajustado al lomo de un caballo que les colocan para poder montarlos? Ustedes son tan extraños.

Si $\Omega>1$, el universo tiene tanta materia/energía que la energía oscura no puede superar el dominio implacable de la gravedad. Esto es conocido por los científicos humanos como un *universo cerrado*, donde la expansión se ralentiza hasta detenerse y luego se voltea sobre sí misma, como una liga estirada hasta el límite.

Cada uno de estos posibles escenarios de densidad sugiere diferentes formas en que el universo, tal como lo conocemos, podría terminar.

Los científicos confían en que han calculado la densidad crítica correctamente y que conocen la densidad promedio actual con base en observaciones de campo amplio. Creo que deberían estar un poco menos seguros en cuanto a sus valores de densidad, pero al menos todos podemos estar de acuerdo en que no entienden nada sobre la energía oscura, en particular en esas enormes escalas con las que siempre han luchado. Y eso significa que tus científicos, al menos los buenos, son los primeros en admitir que no saben cómo terminará el universo. Pero supongo que vale la pena que les cuente sus ideas, aunque solo sea para que puedan parecer inteligentes cuando hablen de mí y de ellos en las reuniones.

EL GRAN DESGARRO

En un universo abierto y disperso con energía oscura lo suficientemente fuerte (o en un universo plano con energía oscura aún más fuerte), este continuará acelerando su expansión hasta que la gravedad sea demasiado débil para mantener las cosas unidas, incluso en la escala de galaxias individuales. Los científicos llaman a este escenario el *Big Rip* o Gran Desgarro, y es un nombre apropiado para lo que para mí es el fin del universo menos favorito que proponen los humanos.

En este momento, la energía oscura todavía es demasiado débil para superar la gravedad en pequeñas escalas locales. Puede expandir el espacio entre los cúmulos de galaxias, y lo ha hecho. Por eso no he visto a algunos de mis amigos de la infancia en miles de millones de años, y tal vez nunca los vuelva a ver. Pero la gravedad todavía es lo suficientemente fuerte como para mantener juntos a cúmulos, galaxias, sistemas estelares y estrellas.

Sin embargo, a medida que el universo se expande y la materia con él, mi confiable herramienta, la gravedad, se volverá menos efectiva para mantener todo unido. Primero, las galaxias comenzarán a alejarse unas de otras dentro de sus cúmulos. Siempre es una pena ver comunidades destrozadas, pero el verdadero problema vendrá cuando las galaxias individuales comiencen a sentirse estiradas. Esto es mucho peor que cuando destrozo a pequeñas enanas, porque al menos partes de la galaxia permanecen juntas, tal vez cruzándose unas con otras de vez en cuando mientras orbitan alrededor de la galaxia que las devoró. En el Gran Desgarro, el espacio entre las estrellas individuales y las partículas de gas se expandirá. Andrómeda y yo seremos irrevocablemente separadas, un golpe demoledor después de un cortejo tan largo. Para colmo de males, el espacio entre los átomos de nuestras estrellas también se separará. Incluso la fuerza nuclear fuerte, 6×10^{39} veces más fuerte que la gravedad, se doblegará frente a la energía oscura y los átomos individuales serán desgarrados.

Si todo esto sucederá o no, depende de la densidad del universo y de la naturaleza de la energía oscura, pero más específicamente de la relación entre la presión de la energía oscura y su densidad. En otras palabras, ¿cuánto empuje obtienes de la cantidad de energía oscura en un volumen dado de espacio? Si el empuje de la energía oscura es débil, la energía oscura se disipará con el tiempo y el Gran Desgarro no ocurrirá. ¡Andrómeda y yo viviríamos nuestros extensos «felices para siempre»! Pero si el impulso de la energía oscura es fuerte, nuestros días juntas estarían contados.

Sin embargo, ¿qué tan contados? Bueno, eso depende de la fuerza del empuje de la energía oscura, por supuesto, así como de la tasa de expansión del universo y la densidad de la materia que induce la gravedad. En el peor escenario y el más realista de tus astrónomos, el Gran Desgarro ocurriría en unos veinte mil millones de años, que no es suficiente tiempo para pasar con la galaxia que amas.

De veras que no me gusta insistir en este escenario, por lo que no tengo reparos en decirte que no creen muy probable que ocurra el Gran Desgarro. Las mediciones ciertamente crudas de tus científicos sobre la fuerza de la energía oscura y la densidad actual del universo apuntan hacia fines menos devastadores.

LA GRAN HELADA

Si se permite al universo expandirse para siempre sin ninguno de esos dramáticos y totalmente innecesarios desgarros cósmicos, entonces podría terminar con el *Big Freeze* (también conocido como *Big Chill*) o Gran Helada. A quienes les gusta reírse de la convención y la uniformidad, también le llaman la *Muerte térmica* del universo. La Gran Helada podría ocurrir en un universo abierto o plano con o sin energía oscura, y en un universo cerrado con energía oscura lo suficientemente fuerte.

El universo se enfría a medida que se expande, y esa tendencia continuará en el futuro lejano. Si el universo se expande lo suficiente y toda la materia se dispersa y las partículas se ralentizan, la temperatura media del universo alcanzará los 0 K, o al menos se acercará mucho. En este escenario, Andrómeda y yo tendríamos tiempo suficiente para engullir a todas las otras galaxias del Grupo Local (¡lo siento por adelantado, Sammy!) y convertirnos en una gran megagalaxia. Juntas, continuaríamos formando estrellas hasta quedarnos sin gas utilizable, lo que debería ocurrir en aproximadamente un billón de años, tal vez cien billones si tenemos suerte. ¿No es poético que mientras formo la última de mis estrellas, los sobrevivientes de masa baja de mis primeros lotes morirán? Y esa generación final de estrellas se desvanecerá poco a poco en un olvido frío y oscuro hasta que una enana M solitaria extraiga la última pizca de luz de su agotado núcleo. Y con todas las otras galaxias y cúmulos fuera de la vista por la energía oscura, más allá de una línea que sus científicos llaman el *horizonte de luz cósmica*, no habría gas nuevo para mantenernos en marcha.

Podrían pensar que sus científicos humanos se contentarían con detenerse allí, que no se preguntarían sobre los tejemanejes de un universo oscuro y muerto. Pero estarían equivocados, porque la curiosidad humana es notoriamente insaciable.

Fue otro matemático soviético en la década de 1960 quien propuso la idea de la desintegración de protones como una forma de descomponer la materia en uno de sus niveles más fundamentales. Los protones son algunas de las partículas más estables porque ya de por sí son tan ligeros (los más ligeros en la categoría de partículas a las que los científicos los asignaron) que solo hay pocos tipos de partículas en las que podrían desintegrarse, como un positrón o un mesón. Pero Andréi Sájarov no se dejó intimidar por la estabilidad del protón. Para él, el protón solo era otra partícula, y las partículas se descomponen. La idea era totalmente teórica cuando se le ocurrió a Sájarov, y sus científicos aún no han podido observar la descomposición de protones en acción. En su defensa, los protones deberían tardar decillones de años en desintegrarse de forma natural.

Si la desintegración de protones es real —y no estoy diciendo qué tan grande es ese *si*—, entonces incluso los protones que componen mis estrellas muertas hace mucho tiempo se descompondrán en pequeñas partículas inútiles. Solo quedarán los agujeros negros que, cuando se les prive de galaxias que puedan atormentar, se evaporarán a medida que pierden energía lentamente en lo que sus científicos llaman *radiación de Hawking*.[1] La radiación de Hawking es una historia para otro momento, pero baste decir que es otro fenómeno teórico más que arrastraría el fin último del universo por... bueno, por una cantidad de tiempo que incluso a mí me cuesta imaginar: 10^{100} años para el más masivo de ellos. ¡Son diez duotrigintillones de años! Por supuesto, los agujeros negros insistirían en tener la última palabra.

LA GRAN IMPLOSIÓN

Un universo denso en materia termina tal como comienza: con una explosión.

En este escenario, el universo se expande hasta que la fuerza de la gravedad de toda la materia oscura y bariónica ralentiza la expansión hasta detenerla y luego la invierte. Tus científicos pusieron un límite inferior de unos sesenta mil millones de años entre ahora y el potencial *Big Crunch* o Gran Implosión, aunque probablemente tardaría mucho más tiempo. Mientras el universo se contrae, los cúmulos de galaxias serán empujados a colisionarse en lugar de separarse más, como hemos estamos acostumbrados. Luego, las galaxias individuales se verán obligadas a colisionar, aunque muchas de nosotras ya lo habríamos hecho para entonces.

La parte más aterradora de la Gran Implosión para los humanos tal vez sea cuando el espacio se llene tanto que las estrellas comiencen a chocar, lo que nunca había sucedido. Siempre he tratado de asegurarme de que mis estrellas tengan mucho espacio para respirar, en sentido figurado, por supuesto. Por suerte, tu especie habrá desaparecido mucho antes de que eso suceda.

Si el universo se enfría a medida que crece, ¿qué esperas que haga a medida que se encoge? Pues obvio, se va a calentar. La temperatura ambiente del universo aumentará desde sus ~3 K actuales, probablemente hasta los 10^{32} K que tenía alrededor de la época del Big Bang. A medida que aumente la temperatura, llegaremos a un punto en el que el universo será más caliente que las estrellas: al principio, las enanas M, pero las estrellas O tampoco se salvarán. Las altas temperaturas fuera de las estrellas excitarán las moléculas de gas de las que están construidas, y las estrellas literalmente hervirán hasta desaparecer, como una olla de agua que olvidaste en la estufa prendida.

Así como hubo un tiempo en el universo primitivo antes de que pudieran formarse los átomos, el escenario de la Gran Implosión lleva a un momento en el que el universo estará tan caliente que los átomos se romperán en protones, neutrones y electrones que flotarán libremente.

Esta teoría fue más popular entre tus científicos en la segunda mitad del siglo xx, pero perdió credibilidad en la década de 1990 cuando se dieron cuenta de que el crecimiento del universo se estaba acelerando. Antes de que la idea cayera en desgracia, un hombre llamado John Wheeler la apoyó incondicionalmente. Sí, el mismo John Wheeler que utilizó por primera vez el término *agujero negro* en una conferencia científica en 1967. Debe haber adquirido la costumbre de respaldar las teorías equivocadas.

Aun así, la Gran Implosión podría ser algo divertido. Proporcionaría una excelente oportunidad para que Andrómeda y yo nos acerquemos más, y tendríamos una larga vida juntas antes de que todo se calentara demasiado como para que lo pudiéramos manejar. Y a medida que el universo se contrae, las galaxias con las que perdí el contacto hace mucho tiempo volverían a aparecer. Claro, hubo algunas que me alegró ver desaparecer más allá del horizonte de luz cósmica, pero ¿quién sabe? Tal vez han madurado a lo largo de los eones al igual que yo. O tal vez las más molestas fueron destruidas. De todas formas, puedo pensar en peores maneras de pasar los últimos millones de años de mi vida que reunirme con viejos amigos.

Si la materia del universo es comprimida en un espacio tan inconcebiblemente pequeño, podría producir un gigantesco agujero negro como ninguno de nosotros ha visto. ¿Te imaginas la negatividad? Pero la Gran Implosión también podría ser precursora de algo aún más interesante, lo que me lleva a...

EL GRAN REBOTE

Con demasiada frecuencia, cada vez que uno de ustedes aprende sobre el Big Bang por primera vez, hace la misma pregunta predecible: «Pero ¿qué hubo *antes* del Big Bang?». La hipótesis del *Big Bounce* o Gran Rebote ofrece una posible respuesta.

El rebote en cuestión ocurriría después de la Gran Implosión, cuando, en lugar de detenerse como agujero negro o masa puntual inerte, el universo rebotaría y comenzaría a expandirse de nuevo. En este escenario, el universo estaría en un ciclo continuo de expansión y contracción.

El Gran Rebote fue popular entre Einstein y sus contemporáneos, incluido un físico belga —y sacerdote católico— llamado Georges Lemaître. Este fue un poco más lento que Friedmann para resolver las ecuaciones de campo de Einstein con una descripción de un universo dinámico (es decir, uno que se está expandiendo o contrayendo activamente). Aunque a menudo se le da el crédito como la primera persona en teorizar que ocurrió el Big Bang y que el universo surgió de un solo «átomo primordial».

Quizá te estés preguntando, ¿puede la Gran Implosión de un universo cíclico como este realmente considerarse muerte? Bueno, tal vez no sea el fin del universo, pero nunca habrá otra Vía Láctea u otra Andrómeda. El universo no sería capaz de recrear el curso exacto de los acontecimientos que condujeron a nuestra formación. Incluso en un sistema tan simple como el tuyo tampoco habrá otro tú.

¿Así es como se siente imaginar un futuro donde existen otras cosas, pero tú no? Bueno, no me complace, así que sigamos adelante.

EL GRAN SORBO

Hay un escenario del fin del universo propuesto por algunos de tus científicos más cautelosos que no involucra para nada la densidad y la expansión del universo. Al menos, no directamente. En su lugar, dicen que el universo podría ser «sorbido» al vacío de un nuevo universo debido a un cambio repentino e impredecible en las leyes fundamentales de la física. Si esto sucede o no, depende de la estabilidad de lo que tus físicos llaman el *campo de Higgs*... estoy segura de que tendré que explicártelo. Pfff.

De acuerdo con la mayoría de tus físicos, nuestro universo está compuesto e influenciado por pequeños paquetes de energía llamadas *partículas fundamentales* o *elementales*. Estas partículas específicas no se pueden descomponer en partes más pequeñas, según los físicos. Las partículas que han encontrado hasta ahora se agrupan en partículas de materia (electrones, todos los quarks y neutrinos, etc.) y partículas de fuerza (fotones, gluones, bosones, etc.) que transportan las fuerzas electromagnéticas, débiles y fuertes. Tus científicos descubrieron el primero en 1897 (el electrón, gracias a un físico bastante inteligente llamado Ernest Rutherford), pero ahora parece que están encontrando nuevos todo el tiempo, sobre todo con ese gran anillo que tienen en Suiza donde colisionan hadrones.[2]

Cada una de estas partículas es solo un pico de energía discreto y de larga duración en su propio supuesto campo cuántico. Siento la necesidad de enfatizar que estos no son campos físicos reales que podrías manipular directamente. Son un conveniente y construido arreglo matemático, un medio hipotético para transferir diferentes tipos de energía alrededor del universo. Tal vez te resulte más fácil pensar en estos campos como programas de *software* que se ejecutan en la parte trasera del universo. Hay un programa, o campo, que describe y controla los electrones, un programa para los muones, otro para los inflatones, etc. Estos programas dependen unos de otros, por lo que interactúan de tal manera que, si cambias o perturbas uno, podría o no afectar a uno o más de los otros programas. Volviendo al lenguaje de tus científicos, ellos llamarían a estos programas de *software* interdependientes *acoplados*.

Los físicos humanos todavía están tratando activamente de determinar cómo funciona la mayoría de estos campos y cómo se influyen entre sí. Algo de lo que están seguros es de que pueden fluctuar de manera impredecible, lo que dificulta que los picos de energía conocidos como partículas duren (igual que un castillo de arena hecho por algún bobo de ustedes durante un terremoto). No hay fluctuaciones cuando el campo se encuentra en un estado energéticamente estable, y el estado más estable de todos es uno con energía cero, también conocido como estado de vacío. Es por eso que algunos de sus científicos llaman al *Big Slurp* «decaimiento del falso vacío».

Un campo en estado de falso vacío puede parecer estable, pero esa estabilidad es una mentira. En cualquier momento, el campo podría caer a un estado inferior donde las partículas que lo representan son de larga vida, pero se comportan de una manera muy diferente a nuestras partículas. Ese cambio, que podría afectar a muchos otros campos, se extendería por todo el universo a la velocidad de la luz, de modo que ni siquiera podríamos verlo venir. Para regresar a mi analogía, ¿qué le sucede a tu computadora cuando se reescribe uno de sus principales programas? Se reinicia. Entonces, si cualquiera de los campos que gobiernan nuestro universo saltara a un estado de energía diferente, el universo tal como lo conocemos dejaría de existir.

Todavía usas computadoras, ¿verdad? A veces, es tan agotador mantenerse al día.

Tus físicos creen, con una cantidad saludable de incertidumbre, que la mayoría de los campos cuánticos del universo están seguros en su estado de energía cero. Todos menos —y ahora finalmente regresamos a donde quería comenzar esta historia— el campo de Higgs.

El campo de Higgs está asociado con el bosón de Higgs, que algunos de tus científicos llaman, ya sea con reverencia o insolencia, la «partícula de Dios». El campo de Higgs es sobre todo interesante (tanto para mí como para tus científicos) porque sus interacciones con otros campos es esencialmente lo que determina las masas de sus partículas. Los protones, que están hechos de quarks, son más pesados que los electrones porque el campo de los quarks interactúa más fuerte con el Higgs que el campo de los electrones. Recuerda, una galaxia es inútil sin su masa.

Tus científicos han estado tratando de medir la energía del campo de Higgs y creen que podría estar en un falso estado vacío. Eso significa que nuestro universo podría estar encaminado hacia un reinicio sin forma de prepararse para ello.

Por suerte, se necesitaría mucha energía o una instancia increíblemente rara de lo que sus científicos llaman *tunelización cuántica* para empujar el campo de Higgs, o cualquier otro, a un nuevo estado. Y cuando digo «raro», me refiero a que las posibilidades de que ocurra antes de que mis estrellas actuales y futuras mueran son de veras insignificantes.

Pero parece una manera suficientemente rápida e indolora, así que mientras Andrómeda y yo finalmente nos conectemos, el Gran Sorbo puede llegar cuando quiera.

Los astrónomos humanos están muy seguros de que el parámetro de densidad Ω está muy cerca de 1, pero no saben si es un poco más o un poco menos. Aunque la Gran Helada es más consistente con las observaciones de un universo en expansión acelerada, debes mantener tu mente abierta a cualquier final posible. Hace tan solo un siglo que el disque gran Albert Einstein pensó que el universo estaba quieto.

Tu comprensión científica actual del mundo podría cambiar en cualquier momento. Podría haber otro final del universo futuro, que solo espera su propio gran título. El progreso hacia una mejor comprensión, aunque sea sobre algo tan poco atractivo como el final, significa que la ciencia está funcionando.

14

EL JUICIO FINAL

Tu especie tal vez haya comenzado a teorizar sobre el fin del universo solo en los últimos cien años, pero los humanos han estado haciendo preguntas y contando historias sobre el fin —a menudo de la civilización humana o de todo tu mundo, lo cual, dado que no descubrieron otro planeta hasta la década de 1780, fue prácticamente todo tu universo—, durante milenios.

Cada vez que surgía una nueva civilización humana, se daban cuenta de que predecir el final es mucho más difícil que tratar de explicar cómo empezó todo, porque no tienes la ventaja de conocer el resultado final. Al igual que tus científicos modernos, muchas de esas primeras civilizaciones admitieron sin problema que no sabían cómo terminaría el mundo tal como lo conocían. Algunos asumieron que el final sería simplemente el reverso del principio. Pero hubo quienes afirmaron ser capaces de identificar, gracias a la previsión de profetas dotados, no solo cómo terminaría el mundo, sino también qué lo causaría.

Muchas de estas historias se han perdido con el paso del tiempo, ya sea porque nunca se escribieron, o porque se hizo sobre una superficie demasiado frágil como para sobrevivir al entorno corrosivo y a los actos violentos de tu mundo (como la quema de libros, cof, cof). Sin embargo, algunas sobrevivieron para ser contadas, y hasta creídas.

Uno de los sobrevivientes nos llega de la antigua gente nórdica en el cuento de Ragnarok, que significa «destino de los dioses». Muchos de ustedes probablemente estén familiarizados con la historia, gracias a uno de esos hermanos australianos ridículamente encantadores, pero en la historia original había más gritos de batalla y menos himnos de rock.

Como solían decir los nórdicos, el fin del mundo comienza con Fimbulwinter, una serie de tres duros inviernos seguidos sin veranos intermedios. A medida que disminuyen las reservas de alimentos, la humanidad olvidará que fue precisamente la cooperación social lo que los llevó tan lejos, y se enfrentarán unos a otros, matándose no por la gloria de la batalla, sino por la supervivencia codiciosa (que, desconcertantemente, es peor a los ojos de los dioses nórdicos). Un par de lobos se comerán al sol y a la luna, y las estrellas desaparecerán para sumergir a los de tu especie en la oscuridad, como si algo tan poderoso como mi luminosidad pudiera ser extinguida por un par de caninos malhumorados. Pero esto es solo el principio del fin.

Tu suelo temblará cuando el poderoso lobo Fenrir galope por la Tierra y devore todo a su paso. Los mares subirán de nivel cuando la gigante serpiente Jörmungandr desenrolle su cola en el fondo del océano y se abra camino hacia la superficie. Un ejército de gigantes, liderado por el tramposo dios Loki, navegará a través de la Tierra inundada, y Heimdall, el centinela de los dioses, hará sonar su gran cuerno para que estos sepan que la batalla final ha comenzado.

En medio de la lucha, Odín y su legión de guerreros del Valhalla serán asesinados por Fenrir, quien a su vez será asesinado por el hijo de Odín, Vidar. Heimdall y Loki se matarán entre ellos. Thor y Jörmungandr se matarán entre ellos. El mundo —tal vez todos los mundos, ya que hay nueve en la mitología nórdica—,[1] se hundirá hasta el fondo del océano, sin quedar nada excepto el vacío que estaba presente en el momento de la creación. Todos perecerán, salvo dos humanos que logran esconderse en un bosque, o quizás en las raíces del árbol sagrado Yggdrasil, según el narrador. Su supervivencia proporciona una esperanza vital de que el mundo puede, y probablemente lo hará, renacer.

Casi respeto a los nórdicos y lo bien que cuadran sus historias con la comprensión científica moderna. Estoy segura de que incluso tú puedes ver elementos de la hipótesis del Gran Rebote en el mito de Ragnarok.

Las historias humanas más duraderas acerca del día del Juicio Final provienen de la familia de las religiones abrahámicas: el cristianismo, el islamismo, el judaísmo y otras, cuyos seguidores, combinados, abarcan más de la mitad de la población total de tu planeta. Las historias de cada rama abrahámica tienen algunas pequeñas discrepancias, pero está claro que están relacionadas.

A algunos de ustedes se les pondrán los pelos de punta ante la idea de que sus religiones también son mitologías. El hecho de que hayan persistido no las hace menos míticas, simplemente indica que han tenido más apoyo.

En estas historias, EL FIN se entiende, generalmente, como la conclusión inevitable de la lucha de Dios contra la constante marea del mal. Una versión cristiana nos llega de Juan de Patmos (al menos, así lo llaman los investigadores humanos modernos, por la isla griega donde se supone que se escribió el texto), quien vivió menos de un siglo después de la muerte de Jesús y cuya obra, el *Apocalipsis*, aparece en la segunda entrega de la Biblia cristiana, el Nuevo Testamento. En el libro, Juan describe cómo Jesús se le apareció y le habló del inminente fin del mundo, y cómo luego viajó al cielo para escuchar los detalles de un grupo de ángeles de boca floja.

Ellos predijeron que cuatro jinetes enviados por Dios anunciarían el fin del mundo, trayendo consigo la guerra, el hambre, la peste y la muerte. Los siniestros jinetes (y sus igualmente amenazantes caballos, tal vez amargados por todo el asunto de la silla de montar) no serían suficientes para librar al mundo del mal, por lo que Dios también enviaría a siete ángeles para arruinar la tierra. Estos traerán la peste a los incrédulos, convertirán los mares y los ríos en sangre, arrojarán al mundo a la oscuridad y desencadenarán todo tipo de desastres naturales. Después de todo, no sería el fin del mundo sin inundaciones, terremotos y lluvias de fuego, ¿verdad? Sin embargo, supongo que la historia tiene un final feliz para los lectores de Juan, porque la victoria de Dios no está completa hasta que el mundo haya sido destruido, todas las almas juzgadas y los fieles resucitados en un mundo nuevo. Cosas realmente alegres.

Resulta interesante que las historias del fin del mundo nórdicas y cristianas, así como docenas de otras de todo el mundo, comiencen con eras de violencia y corrupción entre los humanos. El apocalipsis es un castigo, o tal vez, según algunos, un regalo de Dios. Es una limpieza final y triunfante del mal en el mundo. Al menos eso es lo que los profetas querían que su audiencia creyera. Desde donde yo me encontraba —que era y seguirá siendo a tu alrededor—, parecía que las historias eran un medio para mantener el orden social.

«¡Será mejor que todos sean buenos o enviaré otra inundación para acabar con todo!», dijeron Yavé, Enlil, Visnú, y todos los demás dioses declararon que diezmarían civilizaciones con grandes diluvios.

Hubo muchas inundaciones, pero independientemente del método de destrucción, las historias del Juicio Final tenían un propósito diferente al de los mitos de la vida después de la muerte. Fueron más allá de enseñar las consecuencias de las acciones *individuales*, aunque esa lección no está ausente cuando son los justos y los fieles quienes sobreviven en el otro mundo. Los mitos del Juicio Final se refieren a las consecuencias del comportamiento humano *en su conjunto*.

Cuando se escribió el *Apocalipsis*, muchos creyentes pensaron que este era inminente. ¿Quién podría culparlos? Los cristianos del primer siglo después de la muerte de Jesús fueron perseguidos por los romanos. ¡Juan incluso escribió el libro mientras estaba en el exilio! El mundo cristiano estaba en guerra, una guerra que destruyó el templo de su ciudad más sagrada —y la de otras religiones abrahámicas—. El volcán al que llamaron monte Vesubio hizo una violenta erupción que destruyó varias metrópolis. Pero es obvio que el mundo no se acabó, y los cristianos simplemente ajustaron sus fechas.

Los humanos nunca han sido tímidos al llorar por el apocalipsis. Malhumorados asirios que vivieron hace cinco mil años se quejaban de que la pérdida de las costumbres y la moral entre la ciudadanía provocaría el fin del mundo. Johannes Stöffler, un astrólogo y matemático alemán, fue solo uno de los muchos científicos cuyas malas matemáticas y chapuceras observaciones resultaron en predicciones apocalípticas imprudentes e inexactas, muchas de las cuales falsamente me acusaban a *mí*. Stöffler predijo que una alineación de los planetas[2] causaría una inundación catastrófica en 1524, luego en 1528, y vivió lo suficiente como para darse cuenta de que se había equivocado las dos veces.

Es bien sabido que el mundo no se acabó en 2012 con la terminación del calendario maya de cuenta larga, y los mayas nunca tuvieron la intención de que eso se interpretara como un día del Juicio Final, sino simplemente como el comienzo del siguiente ciclo. Sé honesto conmigo, humano: ¿estuviste entre el casi 10% de tu especie que creía que el mundo se acabaría entonces? No importa, el pasado es el pasado. Espero que lo sepas mejor a estas alturas del libro.

Incluso ahora hay humanos que creen que las enfermedades generalizadas y las tormentas, los incendios, las inundaciones, las sequías y los terremotos cada vez más intensos son, una vez más, señales de que el apocalipsis está cerca. Les puedo asegurar que este no es un apocalipsis floreciente, ya que técnicamente es un término que significa una revelación del conocimiento de Dios. Y la culpa de estos desastres recae sobre los hombros de la humanidad, y solo sobre esos hombros. Tus océanos se incendian estos días. Eso nunca sucedió cuando confiabas en *mí* para iluminar tu camino en lugar del petróleo y el carbón.

Aunque estos desastres son una señal de una fatalidad inminente, se refieren a la desaparición de tu especie, no a la de tu planeta. Se necesita más que un declive moral y unos pocos ángeles portadores de pociones para destruir un mundo entero, especialmente uno que yo construí. Y no me enojaré mucho si los humanos se aniquilan a sí mismos. Puede que me sienta un poco sola durante algunos miles de millones de años, pero luego habrá más criaturas que ocuparán tu lugar.

Si yo fuera una galaxia de apuestas —que no lo soy, porque las galaxias no tenemos dinero para apostar—, apostaría a que estos últimos detractores están equivocados. No dejes que esto se te suba a la cabeza, pero creo que los humanos pueden aprender de nuevo a coexistir con su planeta.

¿Por qué? Porque unos cientos de miles de años como espectadora me han enseñado mucho sobre los excelentes instintos de autoconservación de la humanidad. Y porque tus científicos son demasiado tercos para darse por vencidos una vez que se han hecho una pregunta.

15

SECRETOS

Tu especie me ha estado observando desde antes de que fueras completamente humano. Más de doscientos mil años de caza, navegación, cronometraje y narración de historias a la luz de mis estrellas. Siguieron su movimiento con tanto cuidado que aprendieron a predecir de antemano dónde estarían. Luego, en unos pocos siglos, inventaron herramientas para estudiar no solo a esas estrellas, sino también a los planetas que las rodean y a las estrellas creadas por otras galaxias. Sí han llegado muy lejos, pero incluso después de milenios de estudiar mi naturaleza y contar mis historias, los humanos aún tienen mucho más que aprender.

Y dado que mi agenda está bastante despejada para los siguientes eones, estoy muy emocionada de ver cómo resuelven todo. Cada año, físicos y astrónomos recién capacitados esperan descubrir por qué el campo magnético de tu sol cambia cada 11 años, o de qué está hecho el núcleo de Júpiter, o por qué ocurren las ráfagas rápidas de radio, o cómo es por dentro un agujero negro. Sus frescas mentes se unirán a las filas de experimentados científicos que ya están trabajando para resolver el misterio de la ligera asimetría entre materia y antimateria de nuestro universo o en observar lo que sucede en los momentos previos a una explosión supernova.

Tienen tantas preguntas, y no me atrevería a privarlos del honor de que las respondan ellos, ni a mí misma de la alegría de verlos tropezarse. Pero con gusto les diré cómo van en cuanto a desentrañar algunos de sus problemas más apremiantes relacionados conmigo.

Antes de que puedan entender realmente cómo me convertí físicamente en la galaxia que soy hoy, ustedes, los humanos, tendrán que aprender los secretos de la materia oscura. Sus científicos han estado dando vueltas en torno al descubrimiento de la materia oscura desde que William Thomson observó que yo pesaba más de lo que parecía en la década de 1880. Puede que conozcas mejor a Thomson como lord Kelvin, el homónimo de la escala de temperatura favorita de los científicos, pero también el primero en atribuir mi masa extra a lo que él llamó «cuerpos oscuros». Los contemporáneos de Kelvin prácticamente no tenían ni idea acerca de la duración de la vida de las estrellas o la edad del universo, por lo que imaginó que estos cuerpos oscuros eran los restos fríos y muertos de las estrellas. La idea se extendió entre sus compañeros, pero cuando un científico francés llamado Henri Poincaré escribió sobre el trabajo de Kelvin dos décadas después, los cuerpos oscuros se convirtieron en *matière obscure* o «materia oscura».

Han pasado casi 150 años y los astrónomos humanos han hecho la misma observación una y otra vez. En 1922, el astrónomo británico James Jeans estudió el movimiento de las estrellas en mi plano medio, en especial sus velocidades verticales, y descubrió que se movían más rápido de lo que podía explicarse por la masa de mis partes visibles. El astrónomo holandés Jan Oort llegó a la misma conclusión a partir de datos similares diez años después. En 1933, el científico suizo Fritz Zwicky notó la discrepancia de masa cuando midió las velocidades de las galaxias que orbitaban en el cúmulo de Coma, varias vecindades y unos cien megapársecs (un megapársec son mil kpc) de distancia. Horace Babcock lo midió de nuevo en 1939 cuando estaba echando un vistazo a la magnificencia de Andrómeda para estudiar las curvas de rotación galáctica. No fue sino hasta la década de 1970, cuando el extenso trabajo de Vera Rubin sobre las curvas de rotación proporcionó la primera evidencia confiable de que la materia invisible influye en el movimiento de las galaxias, que más astrónomos humanos comenzaron a tomar en serio la cuestión de la materia oscura.

Han visto los efectos de la materia oscura en las órbitas de estrellas alrededor de espirales como yo, en las velocidades dispersas de cúmulos elípticos y globulares, y en cúmulos de galaxias cuya masa transparente ayuda a desviar la luz de fuentes de fondo a través de lentes gravitacionales. Pero todavía no saben de qué está hecha la materia oscura o exactamente cómo se distribuye por mi cuerpo y el resto del universo.

Sin embargo, los científicos tienen sus ideas. La suposición de Kelvin de 1884 de que mi masa adicional podría atribuirse a cuerpos oscuros como pequeños agujeros negros, enanas cafés y planetas que flotan libremente o «erráticos» sobrevivió hasta el cambio de su último milenio. Los científicos llamaron a estas anclas invisibles *objeto astrofísico masivo de halo compacto*. MACHO por sus siglas en inglés y para abreviar. Estos MACHOS están hechos de materia bariónica normal como tú, cada uno con una combinación diferente de quarks y electrones.

Después de que *finalmente* descubrieron cómo lanzar proyectiles al espacio (apenas), aprendieron más sobre la estructura a gran escala del universo y cuánta materia contiene. Sus científicos ya habían deducido cuántos átomos podrían haberse producido en el Big Bang, y no estaba ni cerca del número de átomos necesarios para dar cuenta de toda la masa del universo. Por lo tanto, la idea original del MACHO de Kelvin se descartó, hasta que un pequeño contingente de astrónomos decidió investigar los agujeros negros primordiales (los hipotéticos que se formaron justo después del Big Bang) como fuentes de materia oscura.

Aun así, con la mayoría de los MACHOS fuera de escena, los astrónomos humanos acordaron que hay dos características importantes de la materia oscura: no interactúa con la fuerza electromagnética, pero sí gravitacionalmente con la materia luminosa. Con el tiempo también se dieron cuenta de que tampoco interactúa con los protones de alta energía ni con los núcleos atómicos que siempre están zumbando de aquí para allá en nuestro universo. Los científicos los llaman *rayos cósmicos*, y el hecho de que puedan atravesar la materia oscura sin que esta interrumpa la fuerza fuerte que los mantiene unidos indica que la materia oscura tampoco interactúa con la fuerza nuclear fuerte.

La única fuerza que queda (según sus científicos) es la fuerza nuclear débil, la que ayuda a las partículas a descomponerse. Esta y la gravedad son las dos fuerzas menos poderosas.

Desde la década de 1980, algunos de tus astrónomos han considerado que la materia oscura puede estar constituida por grandes nubes de partículas que son hasta mil veces más pesadas que los protones y que interactúan solo con fuerzas tan débiles o más débiles que la fuerza débil. No están seguros de qué son estas partículas, pero las han nombrado *partículas masivas de interacción débil* o WIMP, por sus siglas en inglés. Los científicos las han buscado durante décadas en vano. Intentaron detectarlas indirectamente al buscar rayos gamma adicionales producidos por fotones en descomposición a medida que pasan a través de la materia oscura en galaxias distantes, o neutrinos producidos por partículas de materia oscura que interactúan con fotones en tu sol. Construyeron detectores que esperaban que fueran lo suficientemente sensibles para percibir la pequeña cantidad de energía producida cuando una partícula hipotética de materia oscura choca con el núcleo de un átomo normal, por lo general, xenón o germanio. Tus científicos incluso han intentado hacer sus propias WIMP en ese gran anillo suizo, Gran Colisionador de Hadrones. Han pasado cuarenta años, ¡mucho tiempo para ustedes, humanos!, y aún no han perdido la esperanza de encontrar las WIMP. Pero su falta de éxito los ha instado a considerar otras posibles explicaciones para la materia oscura.

La mayoría de las partículas que he mencionado hasta ahora (fotones, bosones de Higgs, quarks, pero no las hipotéticas WIMP) son parte del modelo estándar de la física de partículas de tus científicos. Este modelo explica casi todo lo que los humanos han observado acerca de nuestro universo, pero siempre ha habido un *problema* con la manera en que se describe a los neutrinos, un gran problema de paridad y carga (CP, en inglés), para ser exactos. Al parecer, son demasiado simétricos, demasiado similares a sus contrapartes antineutrinos como para encajar en las suposiciones que los físicos han hecho sobre cómo funciona el universo.

En 1977, dos físicos que trabajaban en la Universidad de Stanford propusieron resolver el problema CP agregando una nueva regla de simetría al modelo estándar. Otros dos físicos estadounidenses, por separado, se dieron cuenta de que si esta simetría se rompiera espontáneamente, debería producir una partícula mucho, mucho menos masiva que un protón (¡incluso más ligera que un electrón!). En estos días, esta partícula teórica se llama *axión*, aunque me gustaba más cuando la llamaban Higglet. Los científicos esperan que esta simetría se rompa con bastante frecuencia, lo que haría que los axiones fueran muy abundantes. Tal vez incluso tan abundantes como para dar cuenta de la totalidad de la materia invisible del universo. Y hace poco, algunos físicos comenzaron a sospechar de que el axión también podría resolver ese problema de asimetría entre materia y antimateria.

La masa baja de axiones individuales provoca que se les dificulte la interacción con la materia normal, pero interactúan con campos magnéticos y pueden descomponerse en fotones. Un experimento en la Universidad de Washington, en Seattle, está usando imanes fuertes para persuadir a los axiones descarriados a que se descompongan en fotones que los imanes pueden detectar fácilmente. En 2020, hubo afirmaciones de que el instrumento XENON1T en Italia había detectado axiones provenientes de tu sol. La legitimidad de la detección sigue siendo un tema de debate, pero de ninguna manera afectará la búsqueda de una partícula de materia oscura. Los axiones solares serían demasiado energéticos y calientes para comportarse como materia oscura, que necesita estar fría para agruparse tan bien como lo hace. Sin embargo, hay algunos científicos humanos que señalarían aquí que la materia oscura puede estar más caliente (es decir, moverse más rápido) si las partículas son menos masivas.

Estaré prestando atención a este campo de la física de partículas en las siguientes décadas. Aun si no encuentran las partículas exactas que están buscando, estoy segura de que descubrirán *algo* nuevo, porque sé que hay más por encontrar.

Hay un pequeño grupo de físicos que teoriza acerca de que la materia oscura no es materia en absoluto, y que la respuesta al enigma no se encontrará en un acelerador de partículas. En cambio, razonan que los efectos de la materia oscura pueden explicarse modificando la definición de gravedad de Isaac Newton. Un físico israelí llamado Mordehai Milgrom concibió la idea en 1983, cuando pidió una teoría modificada de la dinámica newtoniana, o MOND [en inglés]. Los defensores de MOND creen que la gravedad newtoniana funciona solo en entornos de alta aceleración, como la Tierra y su sistema solar. Los entornos de baja aceleración, como los bordes exteriores de las galaxias, operan bajo diferentes reglas gravitacionales.

Por mucho que respeto el deseo continuo de demostrar que Einstein estaba equivocado, MOND no resiste las observaciones de galaxias sin materia oscura. Si solo es una cuestión de la gravedad comportándose diferente a escalas más grandes, entonces sus efectos deberían poder observarse en todas partes. Tus astrónomos han encontrado un par de galaxias de las que se ha confirmado que están anormalmente desprovistas de materia oscura. Se llaman NGC 1052-DF2 y NGC 1052-DF4. Dicen que su materia oscura fue robada por galaxias más grandes, y deberían saber que nosotras todavía hablamos de lo que les sucedió, solo que en susurros.

La materia oscura podría ser cualquiera de lo planteado, o podrían ser neutrinos estériles, o partículas masivas que interactúan fuertemente entre sí, pero no con otras. Tal vez la materia oscura sea una combinación de varias partículas, o quizá sea algo que a los científicos ni siquiera se les ha ocurrido todavía. Una vez que descubran qué es, comprenderán un enorme 32% del contenido total de materia y energía de nuestro universo. ¿Y qué hay del otro 68%? Esa pregunta ha perseguido a los cosmólogos humanos durante veinte años. (He visto cómo algunos de ellos perdieron el sueño y se arrancaron el cabello por eso. Son los que se toman su trabajo demasiado en serio).

Es posible que hayas escuchado que la energía oscura es la fuerza que hace que el universo se expanda. Este es un concepto erróneo común entre los humanos, ya que el universo podría expandirse incluso sin energía oscura. La mayoría de los científicos humanos, incluso ese tonto de Einstein, coincidieron en la década de 1930 en que el universo se expandía, pero asumieron que la expansión se estaba desacelerando. Dos equipos de astrónomos en lados prácticamente opuestos de tu planeta pasaron años estudiando supernovas distantes, el tipo especial que los astrónomos humanos usan como candelas estándar. Esperaban aprender exactamente qué tan rápido se estaba desacelerando la expansión, pero en 1998 ambos anunciaron de forma independiente que en realidad la expansión se estaba acelerando.[1]

Inventaron un tipo hipotético de energía que ejercía una fuerza repulsiva en el universo, y lo llamaron «oscuro» porque no tenían ni idea de lo que podía ser.

Una idea que han tenido es que la energía oscura es solo una cualidad inherente del espacio, tan fundamental e inevitable como la gravedad. Y así como más masa equivale a más gravedad, más espacio equivale a más energía oscura, así la fuerza o densidad de la energía oscura permanece constante incluso cuando el universo se expande. Los científicos han llamado a esta conveniente cualidad *la constante cosmológica*, representada en sus ecuaciones como Λ. El modelo más ampliamente aceptado de nuestro universo entre sus científicos es el Λ-CDM: dice que la constante cosmológica y la materia oscura fría son necesarias para explicar sus observaciones.

Una idea menos popular es que la energía oscura es el trabajo de otro campo cuántico, llamado *quintaesencia*, es decir, la quintaesencia del universo, después de la materia normal, la materia oscura, la radiación y los neutrinos (es decir, los bariones, de lo que sea que esté hecha la materia oscura, los fotones y los leptones). A diferencia de la constante cosmológica, la quintaesencia no es una consecuencia inevitable de tener un espacio vacío. La densidad de la quintaesencia cambia a medida que el universo se expande, lo que significa que la fuerza y la influencia de la quintaesencia cambian con el tiempo.

La mejor esperanza que tienen sus científicos de comprender la energía oscura es seguir midiendo la tasa de expansión del universo en diferentes momentos y en todas las direcciones. Aquí es donde la velocidad finita de la luz funciona a su favor. Para mirar más atrás en el tiempo, los humanos solo necesitan descubrir cómo ver objetos más distantes (y, por lo tanto, mucho más tenues). Sus tecnologías de imagen y medición por fin han llegado al punto en que eso es posible. Por un breve momento, no estaba segura de si alguna vez sucedería porque su cerebro terrícola parecía más centrado en la tecnología Snuggie. Sabes que es solo una manta con hoyos para los brazos, ¿verdad?

Desde 2013, cientos de científicos de todo su mundo han estado colaborando en el Observatorio de la Energía Oscura o DES, por sus siglas en inglés. Con una cámara extremadamente sensible montada en uno de sus antiguos telescopios en Chile, han cartografiado más de trescientos millones de galaxias de hace miles de millones de años. Si la aceleración de la expansión del universo siempre ha sido la misma —su aceleración, no su velocidad—, ese es un punto a favor para la constante cosmológica. Una aceleración variable apuntaría hacia la quintaesencia.

El equipo del DES todavía tiene muchos datos por revisar, pero sospecho que harán un anuncio emocionante no mucho después de que este libro esté disponible. En caso contrario, científicos humanos tienen grandes esperanzas en el Telescopio Espacial Nancy Grace Roman (antes, el Telescopio de Sondeo Infrarrojo de Campo Amplio, WFIRST). Nombrado en honor a la primera jefa de astronomía de su Administración Nacional de Aeronáutica y del Espacio, el telescopio Roman capturará amplias imágenes con los trescientos millones de pixeles de su cámara. La NASA ha programado lanzar este tan esperado sucesor del telescopio Hubble a órbita alrededor de su planeta a mediados de la década de 2020, equipado con instrumentos para estudiar todo, desde planetas hasta galaxias y la expansión de nuestro universo.

Hay una pregunta sobre mí que ustedes, los humanos, hacen más que cualquier otra. Si me pagaran uno de esos delgados pedazos de papel que llaman dólar por cada vez que uno de ustedes la hiciera, sería más rica que cualquier ser humano. La han hecho con tanta frecuencia que la mayoría de ustedes ya tomaron partido en el asunto, probablemente porque miles de millones de dólares en películas, programas de televisión, videojuegos y libros les restriegan una respuesta en particular. Ustedes quieren saber: ¿hay otra vida ahí fuera?

En el supuesto gran esquema de la historia humana, esta es una pregunta relativamente nueva. No fue hasta que uno de ustedes usó un telescopio para mirar a Marte por primera vez en 1609 que se dieron cuenta de que había otros planetas similares a su Tierra. Después de eso, no pasó mucho tiempo antes de que comenzaran a preguntarse si esos otros planetas rocosos también podrían albergar vida. En 1877, un astrónomo llamado Giovanni Schiaparelli describió una red de largas líneas rectas en la superficie de Marte que denominó *canali* en su idioma materno, el italiano. Se refería a 'canales de riego' o 'acequias', pero una vez más, debido a que ustedes nunca lograron instituir un solo idioma global, se interpretó como «canales» en general cuando el trabajo de Schiaparelli se tradujo al inglés. Durante el resto del siglo XIX, muchos astrónomos, incluido un hombre especialmente terco llamado Percival Lowell, se aferraron a estos canales como evidencia de que alguna vez existió vida en Marte.

Pero nunca hubo canales. Y lo que describió Schiaparelli era, de hecho, un truco del defectuoso e hiperactivo cerebro humano. Vio una imagen borrosa a través de su muy rudimentario telescopio y su mente agregó líneas rectas donde no las había.

¿Cómo puedes confiar en lo que ves con ese blando y mentiroso cerebro tuyo?

Con o sin canales, los astrónomos continuaron preguntándose si los otros planetas de su sistema solar podrían albergar vida, una pregunta que *todavía* están tratando de responder. En poco tiempo, comenzaron a especular sobre planetas alrededor de otras estrellas, lo que ahora llaman *exoplanetas*.

Debe ser muy difícil ser humano, con su inconveniente forma corpórea y sin poder controlar la longitud de onda que tus débiles ojos son capaces de ver. Si pudieras estar en todas partes a la vez como yo, *conocerías* a todos los planetas. Si tuvieras ojos más agudos capaces de ignorar la luz de las estrellas, podrías *verlos*. En cambio, tus astrónomos han tenido que idear métodos creativos y en su mayoría indirectos para encontrar estos exoplanetas.

¿O debería llamarlos endoplanetas ya que están en mí? Creo que los llamaré solo planetas para evitar confusiones. Su sistema solar no es especial para nadie más que para ustedes, pero me entusiasma verlos trabajar tan duro para entenderlo.

Estos métodos de detección creativa no son los más eficientes. De entre mis más de cien mil millones de planetas, solo han encontrado unos cinco mil desde que se descubrió el primero en 1992.[2] Por mucho, el método más exitoso es el que sus astrónomos llaman *fotometría de tránsito*. Cuando un planeta pasa directamente entre ustedes y la estrella que orbita, los astrónomos pueden medir la cantidad de luz estelar que el planeta bloquea. La caída en el brillo es proporcional al tamaño del planeta, y si esperan lo suficiente para ver el tránsito del planeta más de una vez, saben cuánto dura el período del planeta. Una vez que conocen el período, solo es cuestión de meterlo con la masa de la estrella anfitriona en una fórmula desarrollada hace cuatro siglos para encontrar la distancia entre el planeta y su estrella, y luego hacer otras ecuaciones más y algunas suposiciones simplificadas antes de dar con la temperatura del planeta. ¿Quién podría haber adivinado que habría tanta información en la sombra de un planeta?[3]

Es bueno que lo hayan hecho tus astrónomos, porque alrededor del 75% de los planetas que han descubierto fue gracias al método de tránsito, aunque la mayoría de mis planetas (¡más del 99%!) no tienen la orientación «correcta» para transitar desde su perspectiva. Encontraron otro 20% midiendo el movimiento de las estrellas anfitrionas mientras son arrastradas por la gravedad de sus planetas. Más específicamente, los astrónomos humanos miden la velocidad de las estrellas a medida que se acercan y se alejan de la Tierra, lo que llaman *velocidad radial*. Cuanto más rápido sea el movimiento radial, más fuerte será el jalón del planeta sobre su estrella y, por lo tanto, más masivo será el planeta.

Al principio, la atención se centró en encontrar tantos planetas como fuera posible. Cada uno sumó a su comprensión de la población planetaria. Descubrieron que los planetas son comunes alrededor de estrellas de secuencia principal y fueron testigo de la asombrosa diversidad de planetas que he creado (con un poco de ayuda de mis estrellas, por supuesto). Incluso encontraron esos júpiteres calientes que creé una vez por error y luego seguí haciendo porque eran divertidos.

Pero si quieren saber si hay o no vida ahí fuera, no es suficiente con saber que hay planetas. Deben saber qué es lo que se sentiría estar parado en la superficie de ese planeta, o nadar o flotar, según sea el caso.

A tus científicos les queda mucho trabajo por hacer antes de poder imaginar la superficie de cualquier planeta tan vívidamente (excepto Marte), pero sí cuentan con algunas toscas medidas de habitabilidad. Todas, por supuesto, están firmemente arraigadas en el antropocentrismo clásico. Oh, ¿la mayor parte de la vida en tu planeta depende del agua? No, ¡el 70% de tu planeta está cubierto de esa sustancia! Eso no significa que la vida en otros lugares también dependa del agua.

Aunque entiendo por qué supondrías eso. El agua es excepcionalmente buena para disolver la materia en partes más pequeñas. Eso hace que sea mucho más fácil convertir esas partes en algo que algún día pueda cuestionar qué significa estar vivo.

Con agua en el cerebro, los astrónomos humanos en la década de 1950 definieron la *zona de habitabilidad circunestelar*, a veces también llamada *zona de Ricitos de Oro,* como el rango de distancias desde una estrella donde un planeta podría retener agua líquida en su superficie. Un poco más cerca y el calor de la estrella anfitriona del planeta evaporaría el agua. Algo más lejos y el agua se congelaría. Cualquiera que haya vivido alguna vez en un planeta —además de mí, que he visto suficientes desde el exterior— sabe que la temperatura de la superficie también depende de la atmósfera del planeta, de qué tan reflectante es la superficie y qué sucede adentro. No me sorprende que estos factores a menudo queden fuera de los cálculos de habitabilidad; sin embargo, los planetas aún se clasifican dependiendo de si están en la zona habitable de su estrella.

Créanme cuando digo que los humanos nunca han encontrado evidencia irrefutable de vida extraterrestre. Sus astrónomos no están escondiendo alienígenas de ustedes.[4] No creo que pudieran, aunque quisieran. Su mundo está demasiado conectado ahora y, como grupo, los astrónomos son muy malos para guardar secretos: debajo de sus batas de laboratorio y su jerga científica, son unos chismosos incansables. No saben si hay extraterrestres, pero hay algunos que han extendido el concepto de la zona de habitabilidad a una zona habitable *galáctica*. Quieren saber en qué parte de mi cuerpo *estarían* los extraterrestres. Es decir, alienígenas parecidos a humanos.

Esos pocos astrónomos dirían que, en un contexto astronómico, la vida humana requiere de tres cosas para sobrevivir: metales, protección contra la radiación y tiempo. Me parece una lista bastante simplista —he escuchado a algunos decir que *literalmente* morirían sin su taza de café matutino—, pero ya estoy grande como para admitir que las necesidades humanas son quizá las únicas cosas que los humanos entienden mejor que yo.

Los metales que necesitan se crearon en mis estrellas, lo que significa que encontrarán más carbonos, nitrógenos y oxígenos que requieren en áreas densas de estrellas. La mayoría de mis estrellas se concentran cerca de mi centro, hay menos a medida que te acercas a mi borde. De hecho, los astrónomos humanos han notado una tendencia a la baja de la metalicidad con un radio creciente, aunque hay algunas excepciones a considerar. Esas pequeñas galaxias que me como pueden ser ricas en metales que se esparcen alrededor de mi halo y disco exterior a medida que las desgarro. Y si quiero, también puedo empujar algunos metales usando los vientos emitidos por Sarge y mis estrellas. Pero en su mayor parte, si quieren muchos elementos pesados, deberían mirar hacia mi núcleo.

Esto requiere un delicado acto de equilibrio para su segundo requisito: protección contra la radiación. Sobre todo, es radiación UV, X y gamma de alta energía, el tipo producido por las explosiones supernova y, en menor grado, por estrellas que andan en lo suyo. Sus delicados cuerpos humanos no la aguantan, ni los supuestamente fuertes, que sorben batidos de proteínas y levantan unos míseros cientos de kilos como si eso los fuera a salvar de la aniquilación total. Pero las supernovas no son la única fuente de radiación peligrosa, solo las más poderosas. Un estallido de rayos gamma particularmente fuerte también podría freírlos, o núcleos galácticos activos y los millones de rayos cósmicos de alta energía que son capaces de atravesar su cuerpo sin que se enteren.

Por lo tanto, los humanos deben estar donde están las estrellas para usar los metales que producen, pero también deben estar donde no están las estrellas a fin de que sus células no comiencen a degradarse o mutar rápidamente. Ya de por sí es complicado el asunto, pero por supuesto hay más.

La vida humana necesita *tiempo*. Ustedes, *prima donnas* evolutivas, necesitan miles de millones de años en un entorno estable para poder desarrollarse, lo que significa que no los encontrarían vivos alrededor de una de mis estrellas O o B de vida más corta. También significa que no pueden manejar ningún sobrevuelo estelar amistoso que altere la órbita de la Tierra o los aleje de su precioso sol. Así es, a tu sol no se le permite recibir visitas de amigos porque probablemente los mataría. ¡Y pensabas que tus padres tenían reglas estrictas! Esto elimina mi bulbo, donde la mayoría de las estrellas pasan junto a sus amigos al menos una vez cada mil millones de años.

¿Qué implican todas estas restricciones aparentemente contradictorias para la imaginaria zona habitable galáctica? Bueno, según astrónomos humanos, que son *totalmente* imparciales, es probable que los extraterrestres se encuentren en un anillo entre 7 y 9 kpc de mi núcleo. ¿Suena familiar? Bueno, debería, porque su sistema solar está justo en medio. Es muy conveniente que los extraterrestres que buscan los científicos estén cerca de ustedes (o en el lado completamente opuesto de mi disco), porque la mayoría de los planetas que han encontrado están dentro de un kilopársec de su sistema solar.

Una vez que los astrónomos identifiquen con éxito un planeta que cumpla con todos sus restrictivos requisitos de habitabilidad, hay un par de formas diferentes para intentar averiguar si realmente está habitado.

La primera es tratar de encontrar los subproductos de la vida, a los que llaman *biofirmas*. La mayoría de biofirmas que buscan sus astrónomos son gases que producen los seres vivos en sus cuerpos y que luego liberan a la atmósfera. La fosfina que algunos de ellos hace poco afirmaron haber hallado en Venus (que luego desafirmaron y luego afirmaron de nuevo) es una biofirma porque está fuertemente asociada con sus derrochadores procesos biológicos, aunque puede producirse en pequeñas cantidades de otras maneras. Siempre existe la posibilidad de falsos positivos cuando se trata de biofirmas. Otras de las que probablemente hayas oído hablar son el oxígeno y el metano.

Unas bioformas poco mencionadas son la luz que reflejan los seres vivos (plantas, algas en los océanos, etc.) de una manera específica. También es posible detectar patrones estacionales en ciertos gases, como la disminución y el aumento de la abundancia de CO_2 a medida que las criaturas que realizan la fotosíntesis crecen y mueren. Para encontrar estas y otras bioformas gaseosas, los astrónomos idearon dos métodos con términos bastante confusos: *espectroscopía de tránsito* y *espectroscopía de transmisión.*

Recuerda que la fotometría de tránsito mide el brillo cambiante de un planeta mientras pasa frente a su estrella. La espectroscopía de tránsito, por otro lado, mide la profundidad de tránsito del planeta en diferentes longitudes de onda para aprender de qué está hecha su atmósfera. Dependiendo de la composición de esta, será más opaca en algunas longitudes de onda y más transparente en otras. La opacidad de la atmósfera del planeta afecta cuánta luz estelar bloquea y, por lo tanto, la profundidad del tránsito.

Con la espectroscopía de transmisión, los astrónomos miden el espectro cambiante de la luz de la estrella a medida que pasa a través de la atmósfera del planeta en tránsito. Algunos de los fotones de la estrella son bloqueados y absorbidos por moléculas en la atmósfera, por lo que los astrónomos ven una brecha en el espectro de las longitudes de onda de luz correspondientes a esos fotones.

Hasta ahora, ambos métodos solo han funcionado para planetas con atmósferas densas como Júpiter, pero los astrónomos confían en que el inminente Telescopio Espacial James Webb (JWST en inglés) cambiará eso. Anteriormente, el telescopio se llamaba Telescopio Espacial de Próxima Generación (Next Generation Space Telescope), y algunos astrónomos presionaron para que volver a cambiar el nombre para no conmemorar a un hombre que discriminó y persiguió a sus colegas solo porque se atrevieron a amar a otro ser humano del mismo sexo.[5] Se me antoja una petición razonable; ese tipo de pensamiento humano tonto y depreciable no debería festejarse.

Con un área de recolección seis veces mayor que el Hubble, el JWST (o como sea que termine llamándose) afirma que le será posible ver las atmósferas de pequeños planetas rocosos. También debería poder ver la formación de las primeras estrellas y galaxias y mirar a través de las nubes de polvo para observar cómo se forman nuevas estrellas y planetas.

El desarrollo del JWST comenzó en 1996 con un plan de lanzamiento en 2007. Retrasos inesperados y problemas de dinero atrasaron el lanzamiento hasta 2010, luego 2013, 2018, 2019, 2020 y finalmente 2021. Los astrónomos humanos bromeaban con que nunca sucedería, y algunos todavía tienen pesadillas acerca de que el telescopio no se desplegará correctamente cuando por fin alcance la órbita. Pero este se lanzó con éxito en 2021, ¡nada menos que el día de Navidad! Astrónomos y entusiastas espaciales de todo el mundo elogiaron el lanzamiento como el mejor regalo que podrían haber recibido.

Otra forma en que los astrónomos humanos buscan vida extraterrestre es cazando lo que llaman *tecnomarcadores*. Al asumir que las formas de vida en otros planetas desarrollan las mismas necesidades que ustedes y toman un camino tecnológico similar una vez que se vuelven inteligentes, los astrónomos creen que podrían encontrar evidencia de tecnologías alienígenas.

En realidad, los cazadores de tecnomarcadores tratan de encontrar pruebas de manipulación intencional de su entorno.

Eso podría aparecer en forma de contaminación química o lumínica, objetos gigantes como una esfera de Dyson construida para recolectar la mayor cantidad de energía estelar o señales electromagnéticas coherentes. Tus astrónomos han estado buscando señales de radio codificadas de otros sistemas estelares desde la década de 1960. Un radioastrónomo estadounidense llamado Frank Drake al principio encabezó el trabajo hasta que el instituto para la Búsqueda de Inteligencia Extraterrestre (SETI, en inglés) se hizo cargo. Fundado por Jill Tarter,[6] una de las pocas humanas a las que le tengo un gran respeto. El trabajo del SETI fue ridiculizado por muchos astrónomos, pero siempre ha sido una de mis organizaciones favoritas porque se atrevió a preguntar qué otras criaturas interesantes podría yo albergar.

Está claro que tus astrónomos están tratando de responder a la pregunta de la vida extraterrestre. Pero creo que cuando algunos de ustedes hacen esta pregunta, lo que en realidad quieren saber es si existen redes alienígenas interestelares. Quieren saber si sus *Star Trek, Star Wars* y *Guardianes de las Galaxias* podrían ser reales. Pero solo quieren saber si es posible viajar más rápido que la luz, ¿qué no?

Bueno, eso me corresponde a mí saberlo y, con suerte, a ti y a tus científicos descubrirlo. Así como también les toca descubrir cómo los agujeros negros se volvieron supermasivos tan rápido. O dónde están todos los agujeros negros de masa intermedia (100-100 000 masas solares). O si existe un noveno planeta secreto en su sistema solar. O por qué la función de masa inicial es lo que es. Por supuesto, ya les dije que es porque no me gusta hacer estrellas que sé que morirán pronto; pero ¿quién me escucha? Una mejor pregunta es si la función de masa inicial es o no universal. ¿Tratarán todas las galaxias a sus estrellas de la misma manera?

Estas son solo algunas de las preguntas que los científicos están tratando de responder cuando no están enseñando, asistiendo a charlas de sus compañeros o rogando por apoyo financiero de cualquier, y me refiero a *cualquier* fuente de financiamiento que los escuche. Dada su desesperación, no tengo ninguna duda de que lo resolverán todo en cualquier momento. Para mí, sin embargo, el verdadero logro será cuando los de tu especie comiencen a hacer las preguntas que a nadie se le han *ocurrido* todavía.

Si tú, pequeño lector, no vas a ser parte de estos científicos, sé paciente mientras tropiezan en su camino hacia la comprensión. Después de todo, son solo humanos. Lo único que puedo hacer es desearles suerte a tus científicos y cruzar mis figurativos dedos para que ofrezcan un buen espectáculo. Si tan solo tuviera palomitas de maíz.

Y cuando los astrónomos aprendan algo nuevo sobre mí o de uno de mis compañeros galácticos, espero que te emociones tanto como ellos por el descubrimiento. Sobre todo, ahora que nos conocemos mucho mejor. Desde su atrofiada perspectiva, podría tardar mucho tiempo llegar allí, por lo que por ahora deberían aprender a vivir *con* su planeta en lugar de solo *en* él. Te aseguro que no están listos para enfrentarse cara a cara con el resto de mí... todavía. Pero, si de alguna manera terminan, ilesos, en los confines de mi glorioso cuerpo, tal vez los mencione en mi siguiente mensaje a Andrómeda.

He trabajado muy duro para contener mi lengua metafórica en este libro y decirles solo lo que los humanos observadores ya

habían aprendido, pero hay un secreto que les daré gratis a ti y a tus científicos, uno que solo le he contado una vez a otra galaxia. Después de revolcarme en mi propia autocompasión durante miles de millones de años, mi viaje para aceptar mi propia genialidad me hizo darme cuenta de mi verdadera pasión: inspirar a otros. Estrellas, galaxias, incluso albóndigas peludas como tú, ¡quiero encender un fuego, literal o figurado, en todos ellos!

Escribí esta autobiografía para inspirarte a *hacer algo*. Haz preguntas sobre el mundo que te rodea y encuentra respuestas reales. Decide que te mereces algo mejor y lucha para limpiar tu cielo de todo tipo de contaminación; créeme, lo valgo. O haz bellas obras de arte de las que la gente pueda hablar mucho después de que te hayas desprendido de tu cuerpo mortal. Psst, una pista: el arte atemporal plasma temas atemporales, y nada en tu insignificante vida humana permanecerá más tiempo que yo.

Las galaxias tenemos un dicho. La traducción aproximada es: «Puedes llevar un gusano a las estrellas, pero no puedes hacer que se asombre». Todavía tengo que encontrar algo que no pueda hacer, así que *ad astra*, humano. Que mis estrellas guíen tu camino hacia un futuro maravilloso lleno de historias. Estaré escuchando.

AGRADECIMIENTOS

He querido escribir un libro desde que tengo memoria, pero durante mucho tiempo pensé que no podría. Por ello, mi primer agradecimiento está dirigido a Jackie Slogan, la maestra que siempre creyó que sería capaz de hacer lo que me propusiera. El segundo va para mi mamá por hacer que me enamorara tanto de leer libros que soñé con escribir uno.

Gracias a mi agente, Jeff Shreve, quien me envió el mejor correo electrónico impersonal que he recibido cuando me preguntó si alguna vez había pensado en escribir un libro de no ficción. Gracias de nuevo, Jeff, por no reírte cuando te dije que quería escribir un libro desde la perspectiva de la galaxia. Y gracias a Matthew Stanley por darle mi nombre a Jeff.

Va todo un ramo de gracias a mi fabulosa editora, Maddie Caldwell, quien siempre fue muy honesta conmigo cuando algo no funcionaba y, honestamente, entusiasta cuando sí. Maddie, este libro habría sido muchísimo peor sin tu ayuda. Y gracias a Jacqui Young por el buen ojo y los chistes de primera.

Gracias a mi amiga más antigua, AnnaMarie Salai, por aceptar cuando le pedí que dibujara una galaxia consciente con personalidad. Gracias a todos los que en Grand Central Publishing trabajaron en este libro, desde la portada hasta la revisión del texto, desde la impresión hasta el *marketing*. No los conocí a todos, pero estoy muy agradecida por el rol que desempeñaron para hacer realidad este sueño mío.

Gracias a todos los que leyeron y verificaron la información de capítulos, aunque deben haber sido muy extraño sin el contexto del resto del libro. A la futura Dra. Luna Zagorac y a los actuales médicos David Helfand, Kathryn Johnston, Dreia Carrillo, Emily Sandford, Abbie Stevens, Jorge Moreno y Kartik Sheth: ¡sus notas fueron invaluables! Gracias a Steve Case y David Kipping por revisar la historia y la ciencia.

Un enorme agradecimiento a mi compañero, William, que leyó capítulos, me ayudó a superar el bloqueo del escritor y aguantó mis cambios de humor a medida que me metía en el personaje, sobre todo durante los capítulos más oscuros. Gracias de nuevo por evitar que Kosmo se me abalanzara cuando estaba en mi fuerte de escritura.

No puede leer esto, pero gracias a Kosmo, el mullido amor de mi vida, por hacerme compañía mientras escribía este libro. Cuando mi mamá leyó un borrador inicial, dijo que la Vía Láctea sonaba como un gato. Le dije que era justo, porque cada vez que necesitaba entrar en el personaje de la Vía Láctea, miraba a Kosmo y la forma en que me devolvía la mirada, parpadeando con indiferencia a pesar de que confiaba completamente en mi cuidado, yo pensaba: «Sí, probablemente así es como una galaxia casi omnisciente también me miraría». Así que gracias por ser mi inspiración, Kosmo. Supongo que, después de todo, tienes más de un trabajo.

Y, finalmente, gracias a *ustedes*, mis queridos lectores. Gracias por escuchar lo que la Vía Láctea y yo tenemos que decir.

NOTAS

Una nota acerca de estas notas: no se trata de una bibliografía o una lista de obras citadas. A quien le interese ese tipo de información, podrá encontrar una lista dinámica de los artículos académicos que consulté mientras escribía este libro en mi página web personal. En cambio, estas notas contienen bocaditos de información complementaria que pensé que podría agradarles, junto con material adicional sobre cosas demasiado mundanas como para que la Vía Láctea se molestara en mencionarlas. También encontrarán algunos chismes *behind the scenes* de la comunidad astronómica, porque la galaxia tenía razón cuando afirmó que no podemos callarnos la boca.

1. YO SOY LA VÍA LÁCTEA

1. En la vida cotidiana los humanos no tenemos mucha necesidad de usar números mayores que un billón, pero eso no nos ha impedido encontrar palabras para expresar números verdaderamente grandes. Por ejemplo, la palabra para $10^{10\,000}$ es diez tremilliatrecendotrigintillion. Es posible encontrar otros trabalenguas similares para nombrar cantidades (en inglés)

en la página de Landon Curt Noll: "English Names of the First 10 000 Powers of 10 - American System Without Dashes", *Landon Curt Noll* (blog), lcn2.github.io / mersenne-english-name / tenpower / tenpower.html.

2. Estos cerebros hipotéticos que flotan libremente fueron llamados cerebros de Boltzmann, en honor a Ludwig Boltzmann, a quien NO se le ocurrió la idea. La mayoría de los científicos descartaría los cerebros de Boltzmann como una tontería, pero eso no impide que los físicos se involucren en las conversaciones más frustrantes sobre si toda la existencia humana es solo un cerebro aleatorio flotando por un instante en el universo.
3. Las enanas cafés son espacios de limbo entre los planetas y las estrellas. No son lo suficientemente masivas como para iniciar y mantener en sus núcleos la fusión de hidrógeno, aunque algunas de ellas sí alcanzan la masa requerida para fusionar deuterio (también llamado hidrógeno pesado) por un breve período. Los astrónomos a veces bromean diciendo que las enanas cafés son estrellas fallidas, pero todavía estamos tratando de averiguar cuál es la cantidad de masa que marca la diferencia entre el éxito y el fracaso. Un gran grupo de investigación llamado BDNYC con sede en el Museo Americano de Historia Natural se dedica a comprender mejor a las enanas cafés.
4. Los júpiteres calientes son planetas masivos (de más de cien veces el tamaño de la Tierra) que orbitan lo suficientemente cerca de sus estrellas como para orbitarlas en tan solo unos cuantos *días*, a diferencia de los 12 años que tarda nuestro Júpiter en orbitar el Sol. Una vez que descubrieron uno en 1995, los astrónomos quedaron perplejos porque no entendían cómo era posible que un planeta tan grande pudiese acercarse tanto a su estrella. ¿Acaso se había formado lejos y había emigrado hacia la estrella, o se formó allí mismo? ¡Resulta que las dos opciones son posibles bajo ciertas condiciones!

5. Los antiguos egipcios creían que el Nilo se inundaba todos los años porque la diosa Isis lloraba por su esposo Osiris. Cuando la estrella que llamamos Sirio era visible al amanecer, sabían que las lágrimas pronto vendrían y nutrirían sus campos para las cosechas de la siguiente temporada. David Dickinson, "The Astronomy of the Dog Days of Summer", *Universe Today*, 2 de agosto de 2013, universetoday.com/103894/the-astronomy-of-the-dog-days-of-summer/.
6. La International Dark-Sky Association es una organización sin fines de lucro que rastrea y combate los efectos de la contaminación lumínica. La mayoría de los humanos hoy en día tiene una visión obstruida del cielo nocturno, pero la DSA brinda consejos sobre cómo ayudar a cambiarlo. "Light Pollution", International Dark-Sky Association, 14 de febrero de 2017, darksky.org/light-pollution/.
7. Cuando doy charlas públicas la gente suele preguntar por qué es necesario estudiar el espacio. Además de que buscar el conocimiento solo por el simple hecho de aprender es un acto humano noble, la investigación astronómica ha brindado a la sociedad muchos beneficios prácticos. Marissa Rosenberg, Pedro Russo, Georgia Bladon y Lars Lindberg Christensen, "Astronomy in Everyday Life", *Communicating Astronomy with the Public Journal* 14 (enero de 2014): 30-35, capjournal.org/issues/14/14_30.pdf.

2. MIS NOMBRES

1. Los escarabajos peloteros no pueden distinguir estrellas individuales. Sin embargo, son capaces de ver toda la corriente de la Vía Láctea esparcida por el cielo y usarla para orientarse mientras ruedan las bolas de excremento hacia sus hogares. Algunas aves migratorias, como el azulejo índigo, usan como guía a la Estrella del Norte mien-

tras vuelan. Para otros ejemplos, ver: Joshua Sokol, "What Animals See in the Stars, and What They Stand to Lose", *New York Times*, 29 de julio de 2021, nytimes.com/2021/07/29/science/animals-starlight-navigation-dacke.html.

3. LOS PRIMEROS AÑOS

1. Ni siquiera la Vía Láctea es capaz de resistir el encanto de Julie Andrews o negar el mérito cinematográfico de *La novicia rebelde*.
2. Probablemente, la más famosa de estas simulaciones proviene del proyecto Illustris. Podrás aprender más en: Illustris, illustris-project.org/.
3. No todos los elementos se forman en el núcleo de las estrellas. Los más pesados, como la plata y el oro, se crean en eventos energéticos como las colisiones de estrellas de neutrones. Para un resumen sobre los mecanismos de formación de los diferentes elementos, ver: Jennifer A. Johnson, Brian D. Fields y Todd A. Thompson, "The Origin of the Elements: A Century of Progress", *Philosophical Transactions of the Royal Society A: Mathematical, Physical and Engineering Sciences* 378, núm. 2180 (18 de septiembre, 2020): 20190301, doi.org/10.1098/rsta.2019.0301.
4. El universo en su conjunto se está enfriando, pero las interacciones entre las partículas de gas en los cúmulos de galaxias que se fusionan de hecho hacen que el gas se caliente. Matt Williams, "The Average Temperature of the Universe Has Been Getting Hotter and Hotter", *Universe Today*, 14 de noviembre de 2020, universetoday.com/148794/the-average-temperature-of-the-universe-has-been-getting-hotter-and-hotter/.
5. Al pensar en el avance tecnológico y científico, resulta fácil suponer que todas las sociedades deberían seguir el mismo camino y detenerse en los mismos lugares. Sin embargo, las herramientas se desarrollan en paralelo a las necesidades de una sociedad y no todos los grupos necesi-

tan una forma de contar o distinguir entre grandes números. Pero eso no los convierte automáticamente en menos avanzados. Caleb Everett, "'Anumeric' People: What Happens When a Language Has No Words for Numbers?", *The Conversation*, 25 de abril de 2017, theconversation.com / anumeric-people-what-happens-when-a-language-has-no-words-for-numbers-75828.

6. Muchas culturas alrededor del mundo (la griega, la mesopotámica, la egipcia, etc.) creían que el cielo era el hogar de los dioses y que su comportamiento reflejaba su voluntad. Los diversos pueblos del sur de África tendían a ver el cielo como una cúpula sólida que separaba a nuestro mundo de algo… más. Consideraban a las estrellas como agujeritos perforados en aquella cúpula o luces que colgaban de ella mediante cuerdas. Para obtener una descripción general de las creencias sobre el cielo en diferentes partes del mundo, ver: "African Ethnoastronomy", Astronomical Society of Southern Africa assa.saao.ac.za / astronomy-in-south-africa / ethnoastronomy / .
7. Las efímeras viven vidas sorprendentemente cortas, pero no es del todo exacto decir que viven un día. Pueden permanecer en su estado larvario acuático durante meses, incluso hasta unos años. Cuando emergen del agua con sus alas, los machos pueden vivir un par de días, mientras que las hembras pueden durar vivas tan solo CINCO MINUTOS, el tiempo justo para aparearse y poner sus huevos.
8. Estas mismas interacciones gravitacionales que ralentizan nuestra rotación también hacen que la Luna se aleje de nosotros unos 3.85 cm cada año. Al final, la Luna estará tan lejos que parecerá más pequeña que el Sol en el cielo y los eclipses solares totales ya no serán posibles. Pero eso no sucederá hasta dentro de cientos de millones de años.
9. Tomé una clase de posgrado sobre técnicas de envejecimiento estelar y básicamente pasamos todo el semestre trabajando en una sola revisión

de métodos, disponible en: David R. Soderblom, "The Ages of Stars", *Annual Review of Astronomy and Astrophysics* 48, núm. 1 (agosto, 2010): 581-629, doi.org/10.1146/annurev-astro-081309-130806.

10. Varios artículos han señalado que existe un punto óptimo en la edad estelar para albergar vida y nuestro Sol se encuentra prácticamente en el punto óptimo de la línea de tiempo. Abraham Loeb, Rafael A. Batista y David Sloan, "Relative Likelihood for Life as a Function of Cosmic Time", *Journal of Cosmology and Astroparticle Physics* 8 (18 de agosto de 2016): 040, doi.org/10.1088/1475-7516/2016/08/040. Aunque uno de los autores de ese artículo ha empañado recientemente su reputación al promover enérgicamente la idea de que un asteroide encontrado en nuestro sistema solar hace unos años había sido enviado por alienígenas para estudiar nuestro sistema solar.

4. CREACIÓN

1. Con base en registros fósiles, los científicos creen que más del 99% de las cuatro mil millones de especies que han evolucionado en la Tierra se ha extinguido. Nuestro planeta ha pasado por múltiples eventos de extinción masiva. Hannah Ritchie y Max Roser, "Extinctions", Biodiversity, Our World in Data, 2021, ourworldindata.org/extinctions.

5. LUGAR DE ORIGEN

1. Los astrónomos saben desde hace tiempo que el disco de la Vía Láctea está deformado y, gracias a la nave espacial Gaia, recientemente determinaron que la deformación se debe a interacciones con una galaxia satélite. E. Poggio, R. Drimmel, R. Andrae, C. A. L. Bailer-Jones, M. Fouesneau, M. G. Lattanzi, R. L. Smart y A. Spagna, "Evidence of a

Dynamically Evolving Galactic Warp", *Nature Astronomy* 4, núm. 6 (2 de marzo de 2020): 590596, doi.org/10.1038/s41550-020-1017-3.

2. Uno de mis asesores y varios estudiantes de posgrado de mi departamento trabajaron en la caracterización de la órbita de la corriente de Sagitario para estudiar sus orígenes. Para mayor información sobre la corriente y su historia de formación estelar, leer: Nora Shipp, "Galactic Archaeology of the Sagittarius Stream", *Astrobites* (20 de junio de 2017), astrobites.org/2017/06/20/galactic-archaeology-of-the-sagittarius-stream/.
3. No tenemos una palabra equivalente en inglés, pero el alemán es un idioma en el que es posible encontrar las mejores palabras para describir casi cualquier concepto complicado. Un alemán podría usar la palabra «Notnagel» para referirse a un acompañante al que se recurre solamente en última instancia.
4. Para una descripción más imparcial de la galaxia del Triángulo, consulta el archivo de galaxias de la NASA. Rob Garner, ed., "Messier 33 (The Triangulum Galaxy)", NASA, 20 de febrero de 2019, nasa.gov/feature/goddard/2019/messier-33-the-triangulum-galaxy.
5. Aunque las galaxias espirales magallánicas suelen ser comunes en el universo, son relativamente raras cerca de galaxias masivas como la Vía Láctea. Eric M. Wilcots, "Magellanic Type Galaxies Throughout the Universe", en *The Magellanic System: Stars, Gas, and Galaxies*, ed. Jacco Th. van Loony Joana M. Oliveira, *Proceedings of the International Astronomical Union* 4, núm. S256 (julio de 2008): 461-472, doi.org/10.1017/s1743921308028871.
6. Henrietta Swan Leavitt fue una de al menos ochenta mujeres empleadas por Edward Pickering entre 1877 y 1919. A pesar de haber analizado grandes cantidades de datos estelares, estas brillantes mujeres no fueron respetadas por muchos de sus contemporáneos, quienes se referían a ellas como «el harén de Pickering».

7. Si bien son raras, las galaxias vacías aisladas se forman de una manera interesante. Sin embargo, su destino es bastante similar al de una galaxia típica. Ethan Siegel, "What Is the Ultimate Fate of the Loneliest Galaxy in the Universe?", Forbes, 18 de diciembre de 2019, forbes.com/sites/startswithabang/2019/12/18/what-is-the-ultimate-fate-of-the-loneliest-galaxy-in-the-universe/?sh=d4 79b0c566a2.
8. Estos discos medían 76.2 cm de ancho y unos cuantos milímetros de grosor y estaban perforados con agujeros para sujetar las fibras que llevaban la luz del objetivo observado a un espectrógrafo. Cualquier miembro colaborador del SDSS puede solicitar volverse propietario de un disco antiguo y, a menudo, hacen cosas creativas con ellos. Uno de los miembros de mi facultad de posgrado convirtió el suyo en una mesa. SDSS-Consortium, "Serving Up the Universe on a Plate", Max Planck Institute for Astronomy, 14 de julio de 2021, mpia.de/5718911/2021_07_SDSS_E.

6. CUERPO

1. Una noción equivocada pero común es que la gravedad de la Vía Láctea está dominada por su agujero negro supermasivo. Si bien Sgr A* podría ser el objeto más pesado de la galaxia, la masa combinada de todas las demás estrellas en el bulbo es casi diez mil veces mayor que la del agujero negro.
2. La Vía Láctea sabe esto porque puede sentir todas sus estrellas. Pero los humanos conocen estas interacciones de bulbos ¡gracias a mí! Este resultado surgió de uno de mis proyectos originales de investigación en la escuela de posgrado. Moiya A. S. McTier, David M. Kipping y Kathryn Johnston, "8 in 10 Stars in the Milky Way Bulge Experience Stellar Encounters Within 1000 AU in a Gigayear". *Monthly Notices of the*

Royal Astronomical Society 495, núm. 2 (junio de 2020): 2105-2111, doi.org/10.1093/mnras/staa1232.

3. Para tu información, se supone que los «ojos» de la Vía Láctea en las ilustraciones son cúmulos globulares.
4. Hace algunos años, una galaxia sin materia oscura dejó a los astrónomos perplejos y el misterio que la envuelve no ha sido resuelto de manera convincente. Ethan Siegel, "At Last: Galaxy Without Dark Matter Confirmed, Explained with New Hubble Data", *Forbes*, 22 de junio de 2021, forbes.com/sites/startswithabang/2021/06/22/at-last-galaxy-without-dark-matter-confirmed-explained-with-new-hubble-data/?sh=7b8a6edb63dc.
5. Para mayor información sobre la vida de Vera Rubin y sus asombrosas contribuciones a la ciencia, consulta: Tim Childers, "Vera Rubin: The Astronomer Who Brought Dark Matter to Light", Space.com, 11 de junio de 2019, https://www.space.com/vera-rubin.html.
6. Esta no es solo una extraña forma de hablar en sentido figurado por parte de la Vía Láctea. Caroline Herschel de hecho sí alimentó con cuchara a su hermano mientras él leía y trabajaba en sus telescopios. Escribieron sobre ello en revistas especializadas y se han expuesto imágenes de ella en museos en donde se la puede observar alimentándolo.
7. En caso de que te lo estés preguntando, el hombre que acuñó el término *pársec* NO es el mismo Dyson al que se le ocurrió la idea de la esfera de Dyson, un objeto artificial construido para capturar la máxima energía solar. Aquel sería Freeman Dyson. Tampoco es James Dyson, inventor de unas lindas aspiradoras.
8. ¡Mi asesor en la escuela de posgrado y otro miembro de nuestro grupo de investigación publicaron el primer hallazgo confiable de una «exoluna», una luna que orbita un planeta fuera de nuestro sistema solar! Aunque el plan de observación del telescopio espacial Hubble es información pública, Alex y David (los autores del artículo) no lo sabían. La

noticia causó gran revuelo en el mundo de la astronomía y recibieron muchas llamadas de periodistas científicos que deseaban entrevistarlos a pesar de que aún no estaban listos para hablar sobre el tema. La situación los obligó a trabajar con más rapidez en sus datos. Alex Teachey y David M. Kipping, "Evidence for a Large Exomoon Orbiting Kepler1625B", *Science Advances* 4, núm. 10 (3 de octubre de 2018): eaav178, doi.org/10.1126/sciadv.aav1784.

7. MITOS MODERNOS

1. Mi opinión sobre la astrología es algo más complicada que la de la Vía Láctea. Para algunas personas que conozco representa un pasatiempo casual o una forma para guiar sus decisiones. Mientras no se utilice para lastimar a alguien, no le reprocharé a nadie su uso. Sin embargo, en algunos lugares del mundo (en especial en los países del sur de Asia) la astrología se usa de una manera más prejuicial. Por lo tanto, me resulta difícil generalizar que es inofensiva.
2. Este sistema AR y Dec es el más utilizado, probablemente porque es más práctico que los demás, en especial para objetos a simple vista. Cualquier latitud en la que te encuentres... será la declinación de la estrella justo encima de tu cabeza. Pero a medida que nuestro sistema solar orbita alrededor de la Vía Láctea y la Tierra experimenta la precesión axial o se tambalea sobre su eje, la cuadrícula se mueve con nosotros y las coordenadas de los objetos individuales cambian. Los astrónomos compensan esto mediante la inclusión de una fecha de referencia, época, que indica cómo se alinea la cuadrícula de coordenadas con las estrellas.

8. DOLORES DE CRECIMIENTO

1. Quienes hablan español (o un idioma similar de raíz latina) verán con mayor facilidad las conexiones entre los nombres de los días, los planetas y los dioses romanos: lunes / Luna, martes / Marte, miércoles / Mercurio, jueves / Júpiter y viernes / Venus. Mientras que el inglés y otras lenguas germánicas obtienen los nombres de los días de la mitología nórdica: *Tuesday* [martes] alude a Tyr, el dios de la guerra; *Wednesday* [miércoles] a Odín, el padre de todos los dioses, o Woden en su forma menos anglicanizada, *Thursday* (jueves) al atronador Thor; y *Friday* [viernes] a la encantadora diosa Frigg.
2. Los astrónomos han cambiado continuamente de opinión sobre si la mayoría de las estrellas nacen solas, pero el consenso actual es que por lo general nacen en parejas o incluso en grupos más grandes. Ver: Scott Alan Johnston, "Our Part of the Galaxy Is Packed with Binary Stars", *Universe Today*, 24 de febrero de 2021, universetoday.com/150274/our-part-of-the-galaxy-is-packed-with-binary-stars/. Para mayor información sobre la multiplicidad estelar, ver: Gaspard Duchêne y Adam Kraus, "Stellar Multiplicity", *Annual Review of Astronomy and Astrophysics* 51, núm. 1 (agosto de 2013): 269-310, doi.org/10.1146/annurev-astro-081710-102602.
3. Llamamos enanas rojas a las estrellas tipo M y gigantes azules a las estrellas de tipo O porque sus espectros de energía alcanzan su punto máximo en el rojo y el azul, respectivamente. El color de una estrella depende de su temperatura. De acuerdo a la ley de desplazamiento de Wien, entre más caliente sea una estrella, menor será la longitud de onda de luz de su pico de emisión. Debido a que las estrellas O son más calientes, emiten la mayor parte de su luz en longitudes de onda cortas que se ven azules para nuestros ojos humanos.

4. La Vía Láctea se burla de nosotros los astrónomos. En realidad, no nos apasiona tanto la función de masa inicial. Con el tiempo, científicos como Edwin Salpeter (¡yo era amiga de su nieto en la universidad!) y Pavel Kroupa modelaron funciones algo diferentes para describir la forma en que se distribuyen las masas estelares. Las diferentes funciones son útiles para diferentes rangos de masas de estrellas (Kroupa trata con estrellas de masa baja mientras que Salpeter describe estrellas de mayor masa que la del Sol) así como diferentes entornos estelares. Trabajé mucho modelando la distribución estelar en el bulbo, y generalmente utilicé la FMI de Chabrier porque, además de sonar elegante, cubre una amplia gama de masas estelares.
5. Los átomos de helio son más grandes que los de hidrógeno, por lo que se requiere más energía para fusionarlos. Los astrónomos tienen diferentes nombres para referirse a los procesos que producen helio a partir de hidrógeno. La cadena protón-protón (o p-p) describe el mecanismo de fusión en estrellas de baja masa, mientras que el ciclo C-N-O se utiliza en estrellas más masivas que el Sol, donde el carbono está disponible como catalizador. (La *C* en C-N-O es carbono; los otros son nitrógeno y oxígeno). Una vez que el helio se ha creado, la reacción triple alfa combina átomos de helio para formar carbono.
6. Los científicos aún no están seguros de si el Sol va a engullir la Tierra cuando este se expanda para convertirse en una gigante roja. Hay demasiados factores que considerar, como la cantidad de masa que pudiera arrojar el Sol o que las órbitas de los planetas interiores se vuelvan inestables. También es posible que las interacciones gravitacionales obliguen a la Tierra a romper su órbita alrededor del Sol, lo que sería desastroso de otra forma. Ethan, Siegel, "Ask Ethan: Will the Earth Eventually Be Swallowed by the Sun?", *Forbes*, 8 de febrero de 2020, forbes.com/sites/

startswithabang/2020/02/08/ask-ethan-will-the-earth-eventually-be-swallowed-by-the-sun/?sh =48c6f23c5cb0.

7. En 2017, los astrónomos detectaron una señal de dos estrellas de neutrones en colisión y, después de la explosión, detectaron MUCHO oro y platino. De hecho, el equivalente en oro a Júpiter. Desde entonces, también han descubierto que las fusiones de estrellas de neutrones producen más oro y otros «elementos del proceso r» que las supernovas y las fusiones entre estrellas de neutrones y agujeros negros. Robert Sanders, "Astronomers Strike Cosmic Gold", *Berkeley News*, 16 de octubre de 2017, news.berkeley.edu/2017/10/16/astronomers-strike-cosmic-gold/.
8. ¡Bueno, a mí sí me importa saber qué es un neutrino! Es una pequeña partícula elemental del grupo de los leptones (perteneciente a la familia de los fermiones), como los electrones y los taus. Los neutrinos son tan ligeros que no interactúan mucho con otras partículas y los científicos no han podido medir su masa con precisión. Se producen casi cada vez que los átomos interactúan y, una vez formados, los neutrinos llegan a manifestarse en diferentes «sabores» a través de un mecanismo que los científicos no entienden. Los neutrinos son interesantes y misteriosos, y creo que la Vía Láctea pretende no sentir interés por ellos tal vez porque sabe que son muy *cool*.

9. CONFLICTO INTERNO

1. Para mayor información sobre el tema, ver el nalga-villoso episodio «Gluteology» del premiado pódcast *Ologies* de Alie Ward. Presenta a Natalia Reagan, primatóloga, antropóloga y, aparentemente, experta en traseros.
2. Los anillos de Saturno son los más famosos de nuestro sistema solar, pero los demás gigantes gaseosos también tienen anillos, aunque menos espectaculares. A pesar de la abundancia de anillos en nuestro sistema

solar, los astrónomos no han podido determinar qué tan comunes son alrededor de otros planetas. Porque ¡es muy difícil encontrarlos! Sin embargo, no existe razón alguna para pensar que nuestro sistema solar es especial, por lo que es probable que los exoplanetas gigantes también tengan anillos maravillosos.

3. Después de observar a S2 por más de veinte años, los astrónomos usaron su órbita para confirmar una de las predicciones de Einstein, la llamada *precesión de Schwarzschild*. GRAVITY Collaboration: R. Abuter, A. Amorim, M. Bauböck, J. P. Berger, H. Bonnet, W. Brandner, *et al.*, "Detection of the Schwarzschild Precession in the Orbit of the Star S2 near the Galactic Centre Massive Black Hole", *Astronomy & Astrophysics 636* (abril de 2020): L5, doi.org/10.1051/0004-6361/202037813.
4. En particular, la resolución de un telescopio depende de la longitud de onda que intenta observar y del diámetro de su espejo colector. El gran tamaño de los radiotelescopios (el más grande es el radiotelescopio esférico de quinientos metros de apertura, conocido como FAST, en China) es necesario para poder recolectar grandes longitudes de onda de luz. Pero un telescopio más grande puede tener un campo de visión más pequeño u otras desventajas, por lo que no siempre es aconsejable tratar de maximizar su resolución cuando se planifica una observación.
5. Los astrónomos que descubrieron aquel pequeño agujero negro que contiene una estrella gigante roja en su órbita binaria lo llamaron Unicornio. A una distancia de tan solo 460 pc, ¡es posible que sea el agujero negro más cercano a nosotros! T. Jayasinghe, K. Z. Stanek, Todd A. Thompson, C. S. Kochanek, D. M. Rowan, P. J. Vallely, K. G. Strassmeier, *et al.*, "A Unicorn in Monoceros: The 3 $M_\odot$ Dark Companion to the Bright, Nearby Red Giant V723 Mon Is a Non-interacting, Mass-Gap Black Hole Candidate", *Monthly Notices of the Royal Astronomical Society* 504, núm. 2 (junio de 2021): 2577-2602, doi.org/10.1093/mnras/stab907.

6. ¡El equipo del telescopio del Horizonte de Sucesos recolectó casi diez petabytes (es decir, diez millones de gigabytes) de datos! Esa información tenía que almacenarse en unidades de datos físicas dado que la transferencia vía internet desde los remotos sitios de observación hubiera sido muy lenta. Finalmente, el montón (literal) de discos duros tuvo que ser transportado a centros de procesamiento en Alemania y Estados Unidos. Para leer más sobre el procesamiento de datos y ver una asombrosa imagen de Katie Bouman abrazando la media tonelada de datos, ver: Ryan Whitwam, "It Took Half a Ton of Hard Drives to Store the Black Hole Image Data", *ExtremeTech*, 11 de abril de 2019, extremetech.com/extreme/289423-it-took-half-a-ton-of-hard-drives-to-store-eht-black-hole-image-data.
7. Es probable que esos agujeros negros supermasivos en las galaxias enanas se mantengan bajo control gracias a colisiones anteriores con otras galaxias, lo que ayudaría a explicar cómo fue que una enana obtuvo un agujero negro tan masivo en primer lugar. Phil Plait, "Dwarf Galaxies Have Supermassive Black Holes, Too... and Some Are Off-Center!", SYFY Wire, 6 de enero de 2020, syfy.com/syfy-wire/dwarf-galaxies-have-supermassive-black-holes-too-and-some-are-off-center.
8. Los quásares son un tipo de núcleo activo galáctico, o AGN en inglés (es decir, grandes agujeros negros energéticos), con poderosos chorros de materia brillante que brota del centro. La palabra es una abreviatura de la radiofuente «cuasi-estelar» porque, cuando los observaron por primera vez a mediados del siglo XX, los astrónomos pensaron que eran estrellas. Cuando los chorros apuntan su ráfaga de luz directamente hacia nosotros, el AGN se llama *blázar*.

10. VIDA DESPUÉS DE LA MUERTE

1. Antes de que los *Homo sapiens* se convirtiera en la especie humana dominante, existieron varias especies humanas primitivas que convivieron simultáneamente e incluso se cruzaron. Para ver un árbol evolutivo humano interactivo y entretenido, consulta: "Human Family Tree", *What Does It Mean to Be Human?*, Smithsonian National Museum of Natural History, 9 de diciembre de 2020, humanorigins.si.edu / evidence / human-family-tree.
2. Bridget Alex, "How We Know Ancient Humans Believed in the Afterlife", *Discover*, 5 de octubre de 2018, discovermagazine.com / planet-earth / how-we-know-ancient-humans-believed-in-the-afterlife.
3. Las reglas exactas de este juego no se conocen, pero parece haber sido muy popular en Mesoamérica porque se han encontrado cientos de canchas con dimensiones estandarizadas en toda la región. Por lo que sí sabemos (una gran parte por los informes escritos por los invasores españoles), el juego parece ser una mezcla entre futbol y basquetbol. Dos equipos de cinco o más jugadores compiten para hacer pasar pelotas a través de aros montados en lo alto de las paredes, pero sin poder usar las manos o los pies.
4. En 2019, Sagitario A* repentinamente resplandeció con una llamarada en infrarrojo cien veces más intensa que su brillo norma. Los astrónomos creen que la llamarada probablemente se debió a aumento de material de acreción. Susanna Kohler, "Flares from the Milky Way's Supermassive Black Hole", AAS Nova, 7 de abril de 2021, aasnova.org / 2021 / 04 / 07 / flares-from-the-milky-ways-supermassive-black-hole / .

11. CONSTELACIONES

1. De acuerdo a textos griegos antiguos, Andrómeda proviene de Aethiopia, que solía ser un término genérico para el territorio de África al sur de Egipto, en donde hoy en día se encuentra Etiopía, en la costa este del continente junto al Mar Rojo. Sin embargo, algunos expertos interpretan el mito de manera diferente. Según ellos, Andrómeda fue encadenada a una roca frente a la costa de Israel. Por lo tanto, es imposible decir en dónde tuvo lugar el mito.
2. Medusa fue convertida en un monstruo horripilante por Atenea después de que la diosa griega la encontrara retozando con Poseidón en su templo. Algunas interpretaciones afirman que Medusa sedujo a Poseidón, y por lo tanto mereció el castigo. Otros afirman que Poseidón abusó de Medusa y no intervino mientras ella sufría la ira de Atenea.

12. *CRUSH*

1. Los astrónomos que estudian el movimiento de las estrellas en las galaxias prestan atención a lo que llamamos el *potencial gravitacional de la galaxia*. En esencia, se trata de una ecuación que describe cómo se distribuye la materia a lo largo de la galaxia. Las galaxias más antiguas y elípticas tienden a tener potenciales prolatos o triaxiales porque son más esféricas.
2. Es importante tomar en cuenta los marcos de reposo en física porque indican el punto de referencia para cualquier movimiento. El marco de reposo de la Vía Láctea está centrado en su centro de gravedad, cerca de Sagitario A*.
3. La aceleración es el cambio en la velocidad de un objeto. En física, el «jalón» *(jerk)* es el cambio en la aceleración de un objeto con el paso del

tiempo. A medida que la Vía Láctea y Andrómeda se acercan, su aceleración aumentará debido a la atracción gravitacional mutua, lo que les dará un *jalón* gravitacional positivo.

13. MUERTE

1. La radiación de Hawking, llamada así por Stephen Hawking (con quien tengo el honor de compartir, al igual que con Elvis Presley y David Bowie, el mismo día de cumpleaños), nunca se ha observado. Es una forma teórica de explicar cómo los agujeros negros disipan su energía. Se forman pares de partículas en el límite entre un agujero negro y el vacío del espacio, excepto que las partículas tienen la misma probabilidad de estar en el exterior del agujero negro como en su interior. Las partículas en el exterior escapan y se llevan consigo un poquito de la energía del agujero negro.
2. El Gran Colisionador de Hadrones es un túnel circular gigante construido bajo tierra en Suiza. Las partículas se precipitan alrededor de la circunferencia de 16.6 millas [27 km], acelerando la velocidad antes de chocar entre sí con suficiente energía para producir otras partículas más exóticas.

14. EL JUICIO FINAL

1. Para enterarte sobre cómo creo que los nueve mundos de la mitología nórdica se alinean con los planetas de nuestro sistema solar, escucha el episodio sobre cosmología nórdica del pódcast Spirits. Amanda McLoughlin y Julia Schifini, "Norse Cosmology", 12 de agosto de 2020, en *Spirits*, producido por Julia Schifini, pódcast, 49:10, spiritspodcast.com/episodes/norse-cosmology.

2. Algunos de los planetas se alinean una vez cada cuantas décadas, pero sería casi imposible que los ocho planetas (o nueve si se toma en cuenta a Plutón) lleguen a formar una sizigia que abarque el sistema solar. La última vez que todos los planetas estuvieron en la misma vaga región del cielo fue hace más de mil años. Pero aunque los planetas sí se alinearan, su atracción gravitacional combinada será prácticamente imperceptible para nosotros. Y, de hecho, ¡no sería suficiente para provocar el fin del mundo!

15. SECRETOS

1. Dos equipos que utilizan supernovas como candelas estándar descubrieron, cada uno por su cuenta, que la expansión del universo se está acelerando: el Supernova Cosmology Project, dirigido por Saul Perlmutter en California, y el High-Z Supernova Search Team, dirigido por Brian Schmidt en Massachusetts.
2. El primer planeta fuera de nuestro sistema solar fue descubierto en 1992 alrededor de un púlsar utilizando el método de velocidad radial. Tres años más tarde, se descubrió por primera vez un planeta alrededor de una estrella similar al Sol. El descubrimiento de aquel planeta les valió a Michel Mayor y Didier Queloz el Premio Nobel de Física en 2019.
3. El método de tránsito fue utilizado por primera vez en 1999 para descubrir un exoplaneta en un estudio dirigido por el entonces estudiante de posgrado Dave Charbonneau. Este fue un asunto importante que abrió la puerta al *boom* de los exoplanetas como un subcampo de la astronomía. Dieciséis años más tarde, Dave dirigió mi seminario de tesis de último año en Harvard y tuvo la amabilidad de posar para una foto muy boba cuando entregué mi tesis.
4. Ningún astrónomo querría ocultar haber descubierto extraterrestres porque significaría perderse un Premio Nobel garantizado. Pero aunque

quisiéramos mantenerlo en secreto, existen protocolos que nos obligan a compartir la información. El Gobierno no ha establecido ningún protocolo oficial posterior a la detección, pero muchas organizaciones cuentan con uno propio. Uno muy conocido fue publicado por la Academia Internacional Sueca de Astronáutica (IAA en inglés) en 1989: "Declaration of Principles Concerning Activities Following the Detection of Extraterrestrial Intelligence", International Academy of Astronautics, 1989, iaaspace.org/wp-content/uploads/iaa/Scientific%20Activity/setideclaration.pdf. Tanto la SETI como la NASA han redactado sus propios protocolos inspirados en la sueca.

5. La NASA se negó a cambiar el nombre del Telescopio Espacial James Webb, incluso después de que más de mil astrónomos lo solicitaran. Cabe señalar que el nombre no fue elegido a través de un proceso formal típico y que, por otra parte, no es raro que los nombres de los telescopios cambien (por ejemplo, el WFIRST fue renombrado Telescopio Espacial Nancy Grace Roman, o el LSST pasó a llamarse el Observatorio Vera C. Rubin). Nell Greenfieldboyce, "Shadowed by Controversy, NASA Won't Rename Its New Space Telescope", NPR, 30 de septiembre de 2021, npr.org/2021/09/30/1041707730/shadowed-by-controversy-nasa-wont-rename-new-space-telescope.
6. Durante décadas la Dra. Jill Tarter ha sido una defensora de la investigación del SETI, incluso cuando no se desempeñaba como presidenta del Instituto SETI. Ella fue la inspiración para el personaje de Ellie Arroway en la novela de Carl Sagan, *Contacto*, adaptada al cine y protagonizada por Jodie Foster.

Para obtener material de referencia adicional de la autora, visitar moiyamctier.com.